中国城市规划设计研究院六十周年院庆学术专著

城镇密集地区
综合交通规划理论与实践

孔令斌　张　帆　戴彦欣　著

U0347617

中国建筑工业出版社

审图号：GS（2018）1182号

图书在版编目（CIP）数据

城镇密集地区综合交通规划理论与实践 / 孔令斌，张帆，戴彦
欣著. — 北京：中国建筑工业出版社，2018.7

ISBN 978-7-112-22360-2

Ⅰ.①城… Ⅱ.①孔…②张…③戴… Ⅲ.①城市规划 — 交通
规划 — 研究 Ⅳ.① TU984.191

中国版本图书馆CIP数据核字（2018）第131937号

责任编辑：贾俊姝 王 磊 付 娇 石枫华
责任校对：张 颖

中国城市规划设计研究院六十周年院庆学术专著
城镇密集地区综合交通规划理论与实践
孔令斌 张 帆 戴彦欣 著
＊
中国建筑工业出版社出版、发行（北京海淀三里河路9号）
各地新华书店、建筑书店经销
北京点击世代文化传媒有限公司制版
北京京华铭诚工贸有限公司印刷
＊
开本：787×1092毫米 1/16 印张：13¼ 字数：244千字
2018年8月第一版 2018年8月第一次印刷
定价：56.00元
ISBN 978-7-112-22360-2
（32238）

序

《城镇密集地区综合交通规划理论与实践》一书出版了，这是作者自 2000 年以来在多个城镇群区域规划工作经验与技术方法探索的阶段性总结，本书作者都是我多年的同事，我们曾经共同参与了多个区域型规划编制实践。我也曾看到了他（她）们在区域型规划中探索交通规划方法的艰辛。

进入新世纪后，我国的城镇空间形态出现了区别于以往的一些新情况，其中一个主要特征是城镇密集地区的出现和形成。城镇密集地区，或称城镇群、城镇连绵区，既有很多的相似性也各有区别。这一概念最初由戈特曼于 1957 年提出，后经各国学者的不断补充完善和演化，大体可定义为："一定区域范围内都市化地区与乡村的集合，突出它们经济、社会和文化等功能上的紧密联系。"这与戈特曼最初提出的概念本质上是一致的。城镇密集地区是由数个地理位置相连接、不同规模的城镇及其周围的乡村地域，共同构成的关系紧密的经济区域。城镇密集地区的基本空间构架既可能是以一、两个超大或特大都市为核心的若干城镇组成，也可能是由多个规模相近的都市地区组成。

在国家层面，区域问题一直是国家关心的重要议题，这可从国家"十五"至"十二五"和目前国家"十三五"的发展规划建议中关于区域发展的表述中可见一斑。总体上看，城镇密集地区或城镇群已经成为从政府到学术层面的一种现实。学术界和经济界把城镇群视为增强国家竞争力和区域辐射能力的增长极核。国家从"十一五"规划开始把城镇群作为推进城镇化的主体形态；中央新型城镇化规划提出强化城镇群在国家城镇化和国际竞争中的地位。城镇密集地区或城镇群发展已经成为规划工作者在城镇和区域规划中的一项重要的工作内容。

从 2003 年《珠江三角洲城镇群协调发展规划》开始，全国开始了一轮城镇群规划的热潮，中国城市规划设计研究院先后承担编制了长三角、京津冀、辽中南、成渝、海峡西岸、北部湾、长株潭和关中—天水城镇群规划，为研究城镇密集地区的发展和规划积累了丰富的实践经验。

在规划实践中，城镇群规划关注的问题侧重于两个方面：一是促进区域内城镇职能、空间和综合交通体系的整合与提升，使城镇群成为引领区域发展，带动泛区域发展的极核和发动机；二是促进城镇群发展模式向绿色、低碳和低环境冲击转变，降低对资源环境的影响。其中综合交通体系的规划问题由于发展阶段、地理条件的差异，管理体制的分割，显得尤为复杂和困难。

在城镇密集地区规划中，综合交通体系是促进区域一体化，提高区域运行效率的核心因素，而交通体系的构建要基于区域空间的差异性和空间要素的类型识别。一是规划区域内的地区类型识别，即识别出不同地区之间的发展模式、成长机制、资源环境条件等的特征与问题；二是识别有区域意义的城市，即识别各个城市的功能和独特作用，关注城市的中心功能、门户功能、枢纽功能和中间性城市；三是识别有区域意义的战略性节点地区或功能地区。城镇密集地区内部都有一些地区处于独特的区位，或具有重大的发展潜力，可以承担区域的核心功能或新兴功能，是区域空间结构优化的关键要素。城镇密集地区交通体系规划必须充分考虑内部空间的差异性，针对空间差异配置交通。

综合交通体系规划是城镇密集地区职能提升和发展模式转型的重要支撑。通过交通网络和区域空间的重新解构，搭建绿色、低碳、高效的交通体系，合理配置不同运费、速度、价格和舒适性的交通工具，促进城镇密集地区内部不同地区、不同城市和战略性节点的功能发挥，并有效辐射带动泛区域发展。

作为城乡规划部门的专业机构，中国城市规划设计研究院的区域交通规划研究特别注重依据空间的差异配置交通设施，注重以提高区域辐射带动作用构建综合交通体系。这一规划理念与方法弥补了各交通运输部门规划的不足。

正是由于关注区域整体性与内部差异性，关注交通体系与空间体系的契合，作者敏锐地认识到了城镇密集地区交通发展的主要问题，如区域化发展进程中城市交通与区域交通概念混乱；行政分割造成区域层次的交通规划和交通组织缺失；区域交通标准使用混乱，给建设、运营和管理带来诸多隐患；属地化管理导致交通设施共享性差，重复建设现象严重；以大城市为核心的都市区没有相应的交通网络支撑；分行业管理的体制造成行业间发展不平衡；没有建立有效的区域协调机制等等。

基于对中国快速城镇化、工业化的认识，作者在 10 多年前就前瞻性地认识到，在"城市区域化、区域城市化"趋势下，必然会出现"城市交通区域化和区域交通城市化"趋势，出现城市交通发展快速化、区域交通发展高速化的趋势；提出了城镇密集地区的区域客运交通由以高速公路为主向以轨道交通为主的区域公共交通转化，铁路和水运在货运中将发挥更大作用，航空运输发展潜力巨大，航空服务半径逐步缩小等重要的趋势判断，并以此提出针对性交通发展策略和规划方案。当时，我国发育较好的城镇密集地区的交通体系都高度依赖公路，95%以上的区内客货交通由公路承载，不仅导致运输效率不高，系统安全性、可靠性低，也导致很高的污染排放、能源消耗和土地占用。这些前瞻性的判断和规划对策，大多在后来的发展中得到验证并付诸实践。因此，城镇密集地区综合交通体系规划必须把握前瞻性、创新性思维，这是一项非常重要的工作，也是一项高难度的工作。

在多次不同的实践中，对城镇密集地区综合交通规划方法大胆进行了创新性尝试，如对不同尺度的城镇密集地区确定不同的规划重点，划分区域交通及其对外交通的方法，区域对外交通的一体化组织方法，合理区分区域交通设施的层次及其功能，提出门户城市或地区交通设施的规划方法等等。

本书秉承中国城市规划设计研究院"规划理论源于实践，服务于实践"的理念，对上一轮城镇群规划的理论与实践进行了比较系统的总结与归纳。我相信，该书的出版，将有助于我国城镇密集地区综合交通体系规划专业技术水平的提升，有助于我国城镇密集地区交通体系的更好、更快发展。

中国城市规划设计研究院原院长

2016 年 10 月

前　言

　　当前是中国城镇密集地区发展如火如荼的时期。从 21 世纪初开始，大城市和城镇密集地区，在已有的发展优势基础上获得了更为强劲的推动力，城镇空间扩张、产业聚集都进入快车道。在短短的十几年里，城镇密集地区以及其中的各等级城镇，无论是按照宏观的人口和空间指标衡量的城镇规模，还是以 GDP 指标衡量的经济规模都快速增加，成为我国经济和城镇化发展最快的地区。而这些快速增长的指标背后，城镇密集地区的职能、社会和经济组织模式也发生了深刻的变化，城镇职能区域化日益显著，城镇发展突破传统规划关注的中心城区，在市域和整个区域扩张，城镇间跨界的日常活动逐步增强，部分地区城镇间交通甚至已经成为城市交通系统中亟待解决的问题。经济活动的组织也打破以城市为单位的组织模式，物流组织、产业组织区域化，并进入全球经济组织的环节。但快速的空间、人口、经济扩张并不能掩盖城镇密集地区发展中体制和管理的严重滞后。在既有管理体制下形成的城郊二元化模式对这类地区的交通系统规划、建设和运营造成的阻隔一直是城镇密集地区发展的阻碍，而我国以城市为单元对交通设施的投资和建设、管理体制也成为妨碍城镇密集地区进行有效协调的藩篱。

　　自国家新型城镇化规划明确把城镇群发展作为我国未来城镇化的主要承载以来，城镇化在城镇密集地区就陷入了两难的境地，一方面要确保城镇群的竞争力，特别是中心城市的竞争力；另一方面，经过本世纪以来的快速扩张，这些地区的中心城市已经进入超级城市的范畴，交通、环境等承受着极大的压力，超过这些城市和区域现有的管理能力，需要对人口进行管控。城镇密集地区的发展面临的挑战越来越严峻，亟需理论和实践上的突破和创新。

　　本书试图在交通政策和交通组织上，从城镇空间、经济活动组织等更为广阔的视角进行审视，并从区域的空间发展和社会经济活动组织特征分析入手，区分不同目的的交通活动对服务、设施和管理的要求。在交通构成上，本书提出了"区域交通"的概念，从交通特征、活动目的、组织要求等方面将介于城市交通与对外交通之间的区域交通区分出来，根据区域交通的特征，提出区域交通在组织、服务和系统规划上的要求。鉴于按照城镇区划作为单元对这类地区进行研究和规划的偏差越来越大，本书采用了"城镇密集地区"的概念，淡化行政管理色彩，回归到以功能组织为基础的分析。

作者有幸在 21 世纪以来参与了我国绝大多数城镇密集地区的规划，如珠三角、长三角、海峡西岸、北部湾、成渝地区，以及北京、天津、广州、深圳、珠海、杭州、西安、泉州、厦门、福州等多个城镇密集地区城市的总体规划和交通研究，并参加了中国工程院《我国大城市连绵区的规划与建设问题研究》课题，这些研究和规划项目实践是本书的基础。通过这些规划和研究，使我们对中国城镇密集地区和城镇密集地区中的城市和交通发展有了深刻的认识，觉得有必要将这些记录下来，与全国城镇群研究的同仁共享我们的想法，为中国城镇密集地区的健康发展尽一份力。

本书从 2007 年开始酝酿，2010 年初步完成，伴随着新的发展形势和研究的深入，数易其稿，今日终于得以付梓，作为献给中国城市规划设计研究院成立六十周年的礼物。在我们的研究和写作过程中得到了中国城市规划设计研究院领导和同事的大力支持，文字中也凝结了他们的智慧和成就，谨向在本书成文和出版中给予支持的同事表示衷心感谢！

目　　录

第 1 章
城镇密集地区概念界定

1.1 国外城镇密集地区概念

20 世纪初以来，由于生产力的发展，以及生产力要素向城市的逐渐聚集，人们对城镇密集地区这种特殊的区域产生了浓厚的兴趣，并相继出现许多相关概念。1915 年英国学者格迪斯（Patrick Geddes）在其《进化中的城市》中提出了"组合城市"的概念，被看作是城镇密集地区概念的雏形，格迪斯将组合城市定义为"城市的扩展使其诸多功能跨越了城市的边界，众多的城镇影响范围互相重叠的城市区域（City Region）"。格迪斯认为当时国际上已有七个这样的集合城市区，如大伦敦城市群，法国的大巴黎，德国的柏林—鲁尔区和美国的匹兹堡、芝加哥、纽约等地区。德国地理学者克里斯泰勒（W.Christaller）首次系统化地提出区域内城市群体的发展模式，其著名的城市群体组织结构模式被广泛采用，而中心地理论更是城镇密集地区研究的基础理论之一。

公认的最早注意到城镇密集地区现象并对其进行系统研究的是法国地理学家戈特曼（Gottmann），他在研究了美国东北部大西洋沿岸区域后，于 1957 年提出了大都市带（Megalopolis）概念，即"由连成一体的许多都市区组成，在经济、社会、文化各方面存在着密切交互作用的巨大城市地域复合体"。Megalopolis 的核心就是城镇密集地区。它曾专门用来描述北起波士顿，南至华盛顿，由纽约、普罗维登斯、哈特德、新泽西、费城、巴尔的摩等一系列大城市组成的城市功能紧密联系的地域（图 1-1）。在这一地域，城市地区沿主要交通干线连绵分布，城市之间联系密切，产业高度集聚，形成长约 600 英里、人口约 3000 万的城市连绵带。戈特曼提出的Megalopolis 概念实际反映了这样一种城市空间聚合状态：在具有发达交通条件的特定区域内，由一个或几个大型或特大型中心城市引领的若干个不同等级、不同规模的城市构成的城市群体。群体内的城市之间在自然条件、历史渊源、经济结构、社会文化等某一或几个方面有着密切联系，空间形态上可能包括了若干城市圈。因此，在中国用城镇密集地区可能更能恰当地概括 Megalopolis 的内涵。

戈特曼的研究提出了城镇密集地区的一些基本要素，包括城市景观连续性、人口高密度等，他的研究主要强调了三个方面：空间结构的景观现象、相互关系、基础设施条件。但是，戈特曼对城镇密集地区主要侧重于对地理景观现象的描述和一些说明，而对形成"城镇密集地区"景观的原因并没有进行解释。

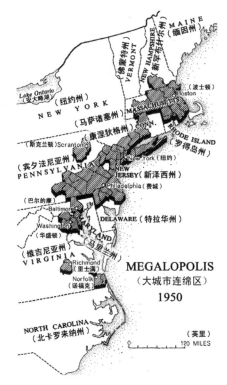

图 1-1　美国东北海岸大城市连绵区（1950）[①]

此后的学者们和一些政府部门对城镇密集地区的发展从不同方面给予关注，并且从不同角度进行了定义。大都市区（Metropolitan District）、城市功能区（Urban Function Area）、城市地区（Urban Field）、城镇体系（Urban System）、城市区域（City Region）等。这些概念大体来讲都是对城市群体发展状态的描述，但其间又有一定的区别。各国使用的概念存在一定差异，英国使用"组合城市"（Conurbation），法国主要使用"城市群"（Urban Agglomeration），德国使用较多的是"Urban

① Gottmann，J. Mealopolis：or the urbanization of the northeastern seaboard[J]. economic geography，1957（3）：191.

Balunsraume"。美国学者弗里德曼（John Friedmann）和米勒（Miller）1965 年提出了"城市地区"（Urban Field），代表美国式的低密度、广阔的多中心的网络化区域城镇群体空间结构。所有这些词汇几乎都是限定在城镇密集发展的群体空间，带有城镇密集地区演化特征的特定地域、阶段色彩，并反映了人们不同的价值评判标准。

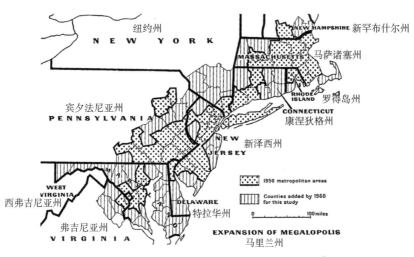

图 1-2　美国东北海岸大城市连绵区（1960）[1]

目前对城镇密集地区研究中常用的是联合国定义。联合国在 1998 年发布的《人口和住房普查原则和建议》（Population and Housing Census，the Principles and Recommendations）中，将城镇密集地区定义为：由适当的城市或城镇与其外围的郊区边缘带或居住密度大的边远地区组成，这些地区彼此临近。一个大的城市群可能包括多个城市或市镇及其郊区带。

联合国的定义主要从外在形态上对城镇密集地区进行了描述，指出了城镇密集地区的几个重要特征：一是由城市、市镇及其郊区带组成；二是具有地理上的临近性；三是人口密度比较大。但是，该定义并没有详述城镇密集地区的本质特征，即组成城镇密集地区的城镇在功能上和空间上紧密联系，它们通过通勤、服务、产品和信息的交换将各个部分融为一体，构成一个相互作用的复杂体系。

---

[1]　Gottmann, J. Megalopolis：The Urbanized Northeastern Seaboard of the United States[M]. New York：The Twentith Century Fund，1961：26.

1.2 国内城镇密集地区概念

国内对城镇密集地区的研究起步较晚，20世纪90年代才展开系统的研究。应该说，在国内城镇密集地区（或称城市群）仍是一个有争议性的概念，还没有公认的界定。专家学者们从各自研究的需要出发，从不同角度，借鉴国外有关研究成果和概念，各自提出了对城镇密集地区的定义与理解。

姚士谋对中国的城镇密集地区进行了详细的研究，1992年主持编写了《中国城市群》[①]，在拓展研究的基础上，2001年进行了补充完善。在该书中，城市群被定义为：在特定的地域范围内，具有相当数量的、不同性质、类型和等级规模的城市，依托一定的自然环境条件，以一个或两个特大或大城市作为地区经济的核心，借助于综合运输网的通达性，发生与发展着纯属个体之间的内在联系，共同构成一个相对完整的城市"集合体"。他提出中国有五个超大型城市群（沪宁杭城市群、京津冀城市群、珠江三角洲城市群、四川盆地城市群和辽宁中部城市群）和八大近似城市群的城镇密集地区。

姚士谋的概念从区域空间、组成、自然要素、社会经济要素等方面提出了城市群的内涵，并且提出了城市群的根本特征在于地区间的紧密联系。

周伟林认为[②]，城市群是城市化过程中一种特殊的经济与空间的组织形式，是以中心城市为核心的，由不同等级规模的城市所组成的巨大的多中心城市区域。由于经济的高度发展及城市间的相互作用，致使城市间的地域边界相互连绵，形成连结成片的城市地区，即城市群。

朱英明认为，城市群是特定地域范围内不同性质、类型和等级规模的社会经济联系密切的城市构成的相对完整的城市"集合体"。

崔功豪认为，"现代城镇群体空间和一般的人口稠密、城镇群体分布的空间形态有着质的区别。前者是在工业化社会，以城市为核心的区域发展过程中，有着主次序列、相互分工协作的城镇有机系统，而后者是在区域经济处于低层次发展阶段，城镇自发形成、孤立发展、缺乏内在联系的无序状态。"

胡序威认为，城镇密集地区与城镇群相比，前者更强调城乡间的相互作用和城乡一体化，而城镇群则更侧重城市之间的联系与作用。

---

① 姚士谋等著. 中国城市群. 合肥：中国科学技术大学出版社，2001.

② 周伟林. 城市经济学. 上海：复旦大学出版社，2004.

董黎明认为，"城市群，又称为城镇密集地区，即在社会生产力水平比较高、商品经济比较发达，相应的城镇化水平也比较高的区域内，形成由若干个大中小不同等级、不同类型，各具特点的城镇集聚而成的城镇体系。"他认为城市群等同于城镇密集地区。

有人认为，所谓城市群体是由若干个中心城市在各自的基础设施和具有个性的经济结构方面，发挥特有的经济社会功能，而形成一个社会经济、技术一体化的具有亲和力的有机网络。这种观点侧重于经济职能方面，而对城市群体的地区空间概念和自然要素考虑过少。而且，这种观点对城市群的经济学分析概括也比较欠缺，没有明确城市群的本质内容，也没有揭示城市群的经济运动内在机理。

代合治认为[1]，城市群是由若干个基本地域单元构成的连续区域，城市群区域具有较高的城市化水平，从我国实际出发，城市群地区应为城市行政区，即建制市的行政辖区。

陈凡等认为[2]，城市群是指在一定地区范围内，由各类不同等级规模的城市依托交通网络所组成的一个相互制约、相互依存的一体化城市网络。

吴传清等认为[3]，城市群是在城市化过程中，在特定地域范围内，若干不同性质、类型和等级规模的城市基于区域经济发展和市场纽带联系而形成的城市网络群体。

1.3　本书使用的城镇密集地区概念

本书对城镇密集地区的内涵主要从地理学和经济学两个角度来解读。从地理学方面看，城镇密集地区首先是一个地域概念："在特定地域范围"；"在一定的地缘经济范围内"；"若干城市化的基本空间单元构成的连续区域"。其次，城镇密集地区是一个城镇分布密度比较高的地域："具有相当数量的不同性质、类型、等级规模的城市"；"由若干个功能性质互补……所组成的城市网络群体"。从地理学角度研究城镇密集地区强调的是城镇群体内大中小城镇的等级体系与职能分工。工业化、城市化进程极大地推动了人口、产业与资源要素向城镇集聚，促使城镇化

①　代合治. 中国城市群的界定及其分布研究. 地域研究与开发, 1998: 40-44.

②　陈凡, 胡涓. 中外城市群与辽宁带状城市群的城市化. 自然辩证法研究, 1997, 13（10）: 48-53.

③　吴传清, 李季. 关于中国城市群发展问题的探讨. 经济前沿, 2003（增刊）: 29-31.

地区空间增加，城镇空间地域迅速扩张，大大增强了城镇的集聚功能；现代交通工具与通信技术的飞速发展缩小了空间联系的成本，改变了城镇之间、城镇与区域之间物质与非物质流态的方向、速度与频率，也从根本上改变了经济活动的空间运行方式，提升和增强了城镇功能的辐射扩散，城镇之间、城乡之间的空间相互作用进一步强化，社会经济联系进一步密切，区域空间结构由离散型、极核型向点轴型、网络型演变，城镇密集地区概念也就被赋予了经济学的内涵，由地理区域概念转化为经济区域概念。

而从经济学角度看，城镇密集地区突出城镇间的内在联系："以一个或两个特大或大都市地区作为地区经济的核心，借助于综合运输网的通达性，发生与发展着纯属个体之间的内在联系"；其次，城镇密集地区内各城镇间分工明确，实现了功能整合；再次，城镇密集地区内城镇职能具有相互吸引聚集和扩散辐射功能，以及区内外的连接性和开放性特征。从经济学角度研究城镇密集地区，更强调城镇群体内经济活动的空间组织与资源要素的空间配置，突出城镇之间、城镇与区域之间经济活动的集聚与扩散机制，以及社会经济的一体化发展。从本质上看，城镇密集地区实际上是一个经济区域，即数个不同规模的城镇及其周围的乡村地域共同构成的，在地理位置上紧密连接的经济区域。因而，城镇密集地区的基本空间构架既可能是以一、两个超大或特大都市为核心的若干城镇组成，也可能是由多个规模相近的都市地区组成。

与"城镇密集地区"概念相近的是使用广泛的"城市群"。城市群是指一定地域内城市分布较为密集的地区。从地理学角度来看，在一个有限的空间地域内，城市的分布达到较高的密度即可称为城市群。城市群更突出城市，而在中国城市是行政概念，更强调行政边界，而边界受诸多因素影响，国外城市群则主要强调都市化地区，故城镇密集地区淡化行政边界，更强调其所在的区域的都市化特征，包括城市和乡村。因此，本书使用城镇密集地区概念表示一定区域范围内都市化地区与乡村的集合，突出它们经济、社会和文化等功能上的紧密联系，与戈特曼提出的大都市带概念的空间内涵在本质上是一致的。

第2章
我国城镇密集地区发展现状与问题

2.1 城镇密集地区概况

我国拥有 13 亿多人口，且大多居住在东中部生态环境较好的地区，使东中部地区集聚的城市数量多，规模也比较大。随着城市化水平的提高，东中部无论是城市数量还是城市规模还将进一步扩大。高速公路和城际快速轨道交通的快速发展，极大地改善了城市之间的联系状况。城市间的产业联系与经济合作不断加强，推动区域经济一体化的进程不断加快。

经过多年的经济高速发展，中国沿海地区从南向北形成了珠江三角洲、长江三角洲、环渤海地区三个较大的经济活动密集区域。每个区域，都有一个或数个具有较大影响的大都市作支撑，如珠江三角洲的香港、广州和深圳，长江三角洲的上海、南京、杭州、苏州和宁波，环渤海地区按照地理和经济联系上的关联性，南有济南、青岛，北有大连、沈阳，中间有北京、天津的三条由沿海伸向内陆的城市带。2010 年，三大城镇密集地区人口约占全国总人口15.2%，面积只占全国的3%，而 GDP 却占全国的37.4%，外贸出口占全国的72%，外商直接投资实际使用额占全国的48.8%以上。预计未来 20 年，长三角、珠三角、环渤海三大经济活动密集区域仍将是我国经济发展的先导地区。

根据对城镇密集地区的界定，目前我国发展比较成熟的城镇密集地区主要有三个，即京津冀城镇密集地区、长三角城镇密集地区、珠三角城镇密集地区，另外还有一些正在成长的城镇密集地区，如山东半岛、辽中南、中原城镇群、长江中游、海峡西岸、川渝、关中、长株潭、大武汉等区域。与其他区域相比，在这些区域内已形成交通基础设施比较完善、网络密度较高、交通设施与城镇衔接较好、运输组织管理比较先进、服务水平较高、与城镇密集地区经济发展相适应、基本满足区域经济发展需要的综合运输体系。根据各种相关规划的预测，在我国对城镇密集地区发展的鼓励政策下，未来我国将形成长三角、珠三角、京津冀、山东半岛、辽中南、中原、长江中游、海峡西岸、川渝和关中十多个规模较大的城镇密集地区。相关研究确定的全国城镇群和中心城市分布分别如图 2-1 ～图 2-3 所示。

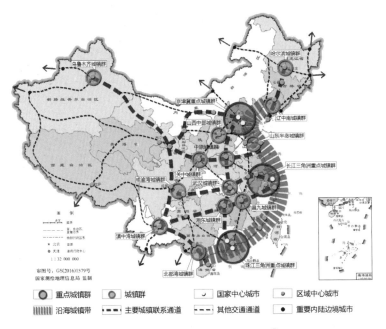

图 2-1 全国城镇群分布示意图 [①]

图 2-2 《全国主体功能区》确定的城镇化战略格局示意图

[①] 全国城镇体系规划（2006-2020 年）.北京：商务印书馆，2010：45.

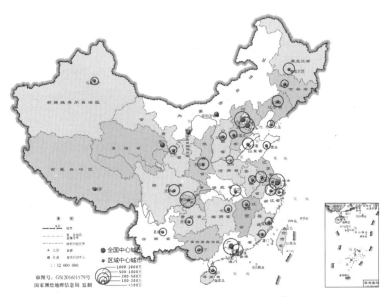

图 2-3　全国中心城市分布示意图 [①]

　　长江三角洲、珠江三角洲和京津冀三大城镇密集地区不仅发展速度快，而且经济规模占全国的比重较高，已经成为我国经济发展的主引擎。按照目前的发展态势，未来 20 年，长三角腹地将继续扩大，珠三角与香港、澳门实现经济一体化，辐射力更强，形成长三角与泛长三角、珠三角与泛珠三角地区紧密联系的态势。京津冀城镇密集地区中的城市特色和优势十分明显，互补作用强，北京具有政治、文化和高科技的优势，天津具有港口和制造业的优势，石家庄具有商贸业的优势，天津滨海新区与北京中关村的开发开放成为国家战略，对城镇密集地区发展的影响更大。一旦突破行政藩篱，发展的潜力将会迅速释放出来，影响区域也会扩展到"三北"（东北、西北、华北）乃至全国大部分地区。

　　山东半岛城镇密集地区以济南、青岛为中心，包括烟台、潍坊、淄博、东营、威海、日照等城市；辽中南城镇密集地区以沈阳、大连为中心，包括鞍山、抚顺、本溪、丹东、辽阳、营口、盘锦、铁岭等城市；中原城镇密集地区以郑州、洛阳为中心，包括开封、新乡、焦作、许昌、平顶山、漯河、济源在内共 9 个省辖（管）市；长江中游城镇密集地区以武汉、长沙、南昌和合肥为中心，包括武汉都市圈、长株潭城市群和皖江城市带；海峡西岸城镇密集地区以福州、厦门为中心，包括漳州、泉州、莆田、宁德和温州、汕头等市；川渝城镇密集地区是以重庆、成都两市为中心，包括自贡、

① 　全国城镇体系规划（2006-2020 年）. 北京：商务印书馆，2010：47.

泸州、德阳、绵阳、遂宁、内江、乐山、南充、眉山、宜宾、广安、雅安、资阳四川的 13 个地级市和渝西经济走廊等县市；关中城镇密集地区是以西安为中心，包括咸阳、宝鸡、渭南、铜川、商州等地级城市。

据统计，上述十大城镇密集地区的土地面积占全国总面积的 5.6%，2005 年，人口占比 41.6%，而 GDP 所占比重为 65.04%。也就是说，十大城镇密集地区以不到十分之一的土地面积，承载了三分之一以上的人口，创造了二分之一以上的 GDP。从资源环境承载能力和未来发展潜力看，十大城镇密集地区还将聚集更多的人口，创造更多的经济成就，将成为我国经济和城镇化发展的支撑点。

除上述十大城镇密集地区外，国内尚有较多也具备条件成为城镇密集地区的地区，如以长春、吉林为中心的吉林省中部，以哈尔滨为中心的黑龙江中北部，以南宁为中心的北部湾地区，以乌鲁木齐为中心的天山北坡地区等。

目前世界公认的大型城镇密集地区主要有五个，即美国波士顿—纽约—华盛顿城镇密集地区、五大湖城镇密集地区，日本东海道城镇密集地区，法国巴黎城镇密集地区，英国伦敦城镇密集地区。有学者认为，长三角将成为世界第六大城镇密集地区。更有专家预测，再过若干年，全世界十大城镇密集地区中的五个可能在中国。

2.2 城镇密集地区社会经济特征

2.2.1 经济发展特征

进入 21 世纪以来，我国城镇密集地区社会经济呈高速发展势头，特别是沿海城镇密集地区发展更快，作为引领我国经济增长的龙头地位十分突出。2010 年，长三角、珠三角、京津冀城镇密集地区共实现地区生产总值（GDP）147947 亿元，从 2005 年占全国的 35.8% 提高到 2010 年的 37.2%；其中，长三角实现 GDP 70675 亿元，珠三角 37673 亿元，京津冀 39599 亿元，分别占全国经济总量的 17.8%、9.5% 和 10.0%；单位国土面积 GDP 产出分别为 6415.5、6883.1 和 2169.8 万元/平方公里，其中，珠三角单位国土面积产出最高，分别是长三角和京津冀的 1.07 和 3.17 倍。三大城镇密集地区整体已进入了工业化中高级阶段。

2010 年，三大都市圈三次产业结构为 3.6 ：47.2 ：49.2，一产低于全国平均水平 6.5 个百分点，二、三产分别高于全国 0.4 和 6.1 个百分点。长三角、珠三角和京津冀产业结构分别为 3.3 ：50.9 ：45.9、2.1 ：48.6 ：49.2 和 5.5 ：42.0 ：52.5。

与 2005 年相比，一、二产业比重下降，三产比重提高，其中，第一、二产业下降的百分点数分别为 0.8、1.2、1.5 和 4.4、2.0 和 3.3；第三产业增长的百分点数分别为 5.3、3.0 和 4.9。城镇密集地区也是我国产业结构调整与优化的先行区域。截止到 2010 年末，长三角、珠三角、京津冀、辽中南、山东半岛和海峡西岸等城镇密集地区的三次产业结构表现出"二三一"的产业发展格局，呈现出第一产业比重持续下降，第二、第三产业比重稳步上升的特点，是我国工业化和城市化快速发展的引领区。

我国部分城镇密集地区产业结构比重　　　　　　　　表 2-1

城镇密集地区	人均GDP（元）	地均GDP（万元/平方公里）	第一产业（%）	第二产业（%）	第三产业（%）
京津冀	47201.9	2169.8	5.5	42.0	52.5
长三角	65637.6	6415.5	3.3	50.9	45.9
珠三角	67067.0	6883.1	2.1	48.6	49.2
辽中南	54845.6	1875.3	6.7	53.7	39.6
山东半岛	57618.7	3445.8	6.4	54.8	38.9
海峡西岸	39199.8	1173.0	9.5	50.7	39.8

资料来源：《中国区域经济统计年鉴（2011）》

三大城镇密集地区的主要经济指标领先全国，但随着全国其他地区的快速发展，相比于 2005 年，主要经济指标在全国的占比都出现不同程度下降，区域经济发展均衡化趋势明显。

2010 年，三大城镇密集地区地方财政收入 15154 亿元，占全国地方财政收入总量的 18.2%。其中，长三角 7754 亿元，珠三角 3140 亿元，京津冀 4260 亿元，分别占全国总量的 9.3%、3.8% 和 5.1%；而 2005 年长三角、珠三角和京津冀的地方财政收入分别约占全国总量的 21%、8% 和 11%。

2010 年，三大城镇密集地区全社会固定资产投资达 68435 亿元，占全国总规模的 24.6%，相比于 2005 年占全国总规模的 30% 有所下降。其中，2010 年长三角固定资产投资 33460 亿元、珠三角 11356 亿元、京津冀 23619 亿元。

2010 年，三大城镇密集地区社会消费品零售总额达 51417 亿元，占全国总量的 32.8%；2005 年约占全国总量的 33%。其中，2010 年长三角社会消费品零售总额

23957 亿元，珠三角 13002 亿元，京津冀 14458 亿元，分别占全国总量的 15.3%、8.3% 和 9.2%；2005 年分别占全国总量的 16%、8% 和 9%。

2010 年，三大城镇密集地区实际利用外资总额 838.72 亿美元，约占全国总量的 77%；2005 年占全国总量的 78%。其中，2010 年长三角实际利用外资总额 453.3 亿美元，珠三角 183.5 亿美元，京津冀 202.0 亿美元，分别占全国总量的 42%、17% 和 19%；2005 年分别占全国总量的 44%、19% 和 15%。

2010 年，三大城镇密集地区进出口贸易总额为 22080 亿美元，约占全国总规模的 74%；2005 年占全国总规模的 78%。其中，2010 年长三角进出口贸易总额 10379 亿美元，珠三角 7513 亿美元，京津冀 4188 亿美元分别占全国总量的 35%、25% 和 14%；2005 年占全国总量的 35%、29% 和 14%。

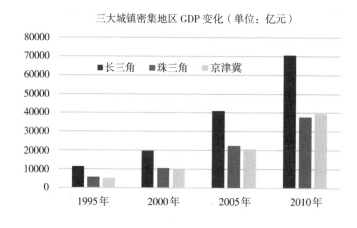

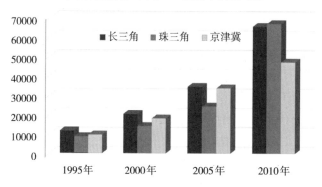

图 2-4　三大城镇密集地区 GDP 发展情况

其中，三大城镇密集地区进口总值 10717 亿美元，约占全国总量的 77%，2005 年占 81%。其中，2010 年长三角进口总额 4453 亿美元，珠三角 3195 亿美元，京津冀 3069 亿美元，分别占全国总量的 32%、23% 和 22%；2005 年占全国总量的 34%、28% 和 19%。

三大城镇密集地区出口总值 11363 亿美元，约占全国总量的 72%，2005 年占 75%。其中，长三角出口总额 5926 亿美元，珠三角 4318 亿美元，京津冀 1119 亿美元，分别占全国总量的 38%、27% 和 7%，2005 年占全国总量的 36%、30% 和 9%。

三大城镇密集地区社会经济指标对比如表 2-2 和表 2-3 所示。

2010 年三大城镇密集地区社会经济指标对比 表 2-2

城镇密集地区	工业总产值（亿元）	固定资产投资（亿元）	社会消费品零售额（亿元）	地方财政收入（亿元）	实际利用外资（亿美元）
长三角	147097	33460	23957	7754	453.3
珠三角	72103	11356	13002	3140	183.5
京津冀	54742	23619	14458	4260	202.0

历年三大城镇密集地区 GDP 变化情况 表 2-3

年份	长三角		珠三角		京津冀	
	GDP（亿元）	人均GDP（元）	GDP（亿元）	人均GDP（元）	GDP（亿元）	人均GDP（元）
1995年	11328.4	11770.8	5918.1	8717.6	5279.9	9626.2
2000年	19675.0	20419.6	10593.4	14127.4	10154.6	18180.9
2005年	40887.5	34466.1	22366.54	24351.2	20680.0	33774.9
2010年	70675	65637.6	37673	67067.0	39599	47201.9

从国内生产总值方面看，长三角是发展最快的区域，而京津冀相对较弱。长三角城镇密集地区地处我国沿海经济带与沿江经济带的交汇点，集"优良海岸"与"黄金水道"于一身，具有明显的经济和地理区位优势，是我国经济最活跃、最具国际竞争力和发展潜力的地区之一。

2.2.2 产业布局特征

在产业空间布局上，都市型加工业在中心城市占有一席之地，一般制造业则由中心城市向外扩散。城镇密集地区在形成过程中，随着中心城市土地、劳动力成本的上升，以及联系中心城市与周边地区交通设施的完善，促使制造业，特别是技术成熟、社会平均利润率较低、适于规模化生产的一般制造业逐步外迁。在很多情况下，制造业首先由中心城区向郊区等周边地区转移，随着城镇密集地区整体的发展，制造业进一步向周边城市或其他地区转移，中心城市制造业产值和就业比重随之下降。在这一过程中，以产品设计等技术含量高、技术密集和非标准化生产为特色的都市型加工业（服务设计业、印刷包装业、珠宝业、食品加工业、钟表加工业以及电子工业等产业），因其满足了中心城市高素质就业者的需求、增值率高，以及适应中心城市功能和生态环境要求等特点，而成为中心城市制造业的主体。

服务业成为中心城市的主导产业，生产性服务业发展更快。中心城市在制造业外迁的同时，实现了职能的调整和转换，金融、管理、专业服务和信息传播等服务业单位数量和就业总量明显增长，服务业成为中心城市的主导产业。从目前发展较为成熟的城镇密集地区看，随着人口和住宅郊区化现象的出现，在交通设施改善和大型购物场所的发展推动下，零售商业以及与之相关的批发业由城市中心地区向郊区或外围地区迁移，而以产品设计、广告、市场营销、法律、金融、保险、会计、公关等为主要内容的生产性服务业在城市中心地区集聚。中心城市由制造业中心向生产性服务业和信息中心转变，生产性服务业成为中心城市以及整个城镇密集地区经济增长的推动力。此外，制造企业，尤其是大型企业生产环节在不同等级规模城市中的分工协作体系建立和完善也推动了中心城市服务业的发展。这些企业将生产加工功能分散于周边城市，而将中枢管理功能集中于中心城市，使得中心城市的管理功能明显强化，城镇之间的分工进一步细化，协作要求提高。

不同城市形成产业特色和职能分工，共同构成聚集优势。城镇密集地区的形成过程也是其内部不同规模、不同等级城市产业特色形成的过程，各城市根据自身的基础和特色，承担不同的职能分工，从而使城镇密集地区具有区域综合职能和产业协作优势。实际上，城镇密集地区的形成是城镇间在产业和职能分工协作的基础上，经济高度一体化的结果，城镇密集地区内部的产业结构调整和生产力的合理布局，以及由此形成的分工合作和优势互补，是构成城镇密集地区整体效应和综合竞争能力的基础条件。

2.2.3 地域分工特征

由于要素禀赋（资金、技术、信息、资源等）的差异，城镇密集地区中相互联系、相互竞争和制约的不同等级的中心城市之间具有不同的分工，表现为：国家级大都市或区域性大都市与地方中心城市间传统比较优势部门间的分工，以及同一部门生产过程的地域分工；地区中心城市与地方中心城市部门间与部门内并重的地域分工；地方中心城市间产品差异化和规模经济所形成的部门内分工为主的地域分工。城镇密集地区通过区域整合与产业互动，提高城镇密集地区经济的组织能力及其经济实力。

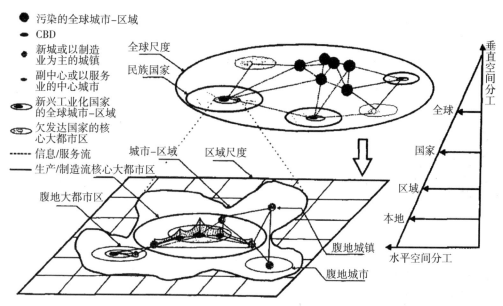

图 2-5　多尺度劳动空间分工主导的全球城市—区域格局 ①

　　城镇密集地区内城市间的相互作用促进城市间的职能分工，相互作用越大，城市间的分工越明显。就现状而言，长三角、珠三角、京津冀等城镇密集地区城市间分工已很明显，城市间的交流远高于辽宁中南部、川渝等城镇密集地区。

2.3　城镇密集地区城镇关系发展过程

　　改革开放以来，我国国民经济快速发展的同时，城镇建设速度加快。截至 2010 年底，我国有设市城市 657 个，建制镇 19410 个，城镇人口 6.7 亿，城镇化水平达到 49.7%。我国城镇化进程经历了从缓慢到快速发展的阶段。城镇化水平由 1978 年的 17.9% 提高到 2010 年的 49.9%，年均增长 0.48%。城镇化已经成为拓展就业渠道、

---

① 转引自：石崧. 从劳动空间分工到大都市区空间组织. 华东师范大学博士学位论文，2005.

实现市场扩展、缓解"三农"问题压力、推进新型工业化的重要途径。城镇地区逐步成为经济发展的主要空间载体,城镇人居环境水平有了较大提高。

经过改革开放以来的快速发展,我国已初步形成以大城市为中心、中小城市为骨干、小城镇为基础的多层次城镇体系,初步形成了以京津冀、长江三角洲、珠江三角洲、辽中南地区、山东半岛地区、海峡西岸地区、江汉平原地区、中原地区、川渝地区等城镇密集发展地区。城镇分布呈现自东向西、由密而疏的空间特征,东部地区特大城市和大城市较多,小城镇密集;中部地区城市分布比较均衡,中小城镇数量多;西部地区城镇人口集中在特大城市和中小城市两极。

根据国家城镇化发展的政策划分,改革开放以来城镇化主要经历了两个阶段:

2.3.1 城镇化的快速发展准备期(1978 ~ 1997 年)

这一时期,改革以农村为重点,并逐步在城市进行试点。通过改革,农业生产效率大幅度提高,农村劳动力潜力得以释放,同时也为整个经济发展注入了活力和动力,"自下而上"的村镇工业化和农村富余劳动力进城带来的新城镇化模式得到加强。小城镇和农村集镇得到较迅速的发展,城镇化显示出生机和活力。

随着改革开放的扩大和深化,地方与企业的自主权增强,并积极引进外资,实现了资本多元化,城市发展对国家投资的依赖逐步减弱。在国际产业转移的大趋势下,一方面,既有城市的第二、三产业迅速发展,同时出现了一批以商贸流通、旅游、文化为特色的新兴城市,以及以外来转移产业为主的新兴城镇。小城镇的数量迅速增加,经济实力稳步增长;另一方面,农村经济体制改革的深化,在一些农业人口比例较高,当地非农产业不能提供充足就业机会的地区,产生了规模较大的农村剩余劳动力的跨地区流动,城市发展呈现多元化的趋势。

党的十四大提出以建立社会主义市场经济体制为目标,确立了社会主义市场经济体制的基本框架。城市作为区域经济社会发展的中心,其地位和作用得到前所未有的重视,城镇化速度加快。不同地区、不同层次的中心城市均得到不同程度的发展,城市不仅数量增加快,人口与空间规模也迅速增加,城市服务功能也有了较大的提高。

2.3.2 城镇化的快速发展时期(1998 年以来)

1998 年,我国城镇化水平达到 30.4%,按照城镇化的发展规律,进入了城镇化的快速发展时期。1998 年以来,中央提出了一系列推进城镇化的方针政策和指导性文件,提出城镇化是解决"三农"问题的重要途径之一。党的十六大又进一步提出"全面繁荣农村经济,加快城镇化进程",确立了"坚持大中小城市和小城镇协调发展，走中国特色的城镇化道路"的方针。

城镇化成为国家解决"三农"问题的抓手，并且把城镇发展中的土地增值用于城镇开发资金的补充（土地财政），城镇化的发展资金瓶颈得以缓解，投资规模迅速扩大，促进了更大范围的人口流动，城镇规模进入了高速增长阶段，但由于存在认识上的误区，把城镇化简单理解为人口数量增加和行政区划调整。盲目铺摊子搞建设，成为地方政府的一项政绩指标，出现了一些不和谐的现象。当前已经到了全面调整城镇化与社会经济发展的关系，引导城镇化健康发展的关键时刻。

2.4　城镇密集地区综合交通概况

2.4.1　交通基础设施规模迅速扩张

改革开放以来，我国交通运输快速发展，交通基础设施建设速度加快，规模不断扩大，特别是在新世纪以来，城镇密集地区作为我国经济社会最发达的区域，也是我国交通运输业发展最快、投资最密集的地区。高速铁路、城际轨道等在三大城镇密集地区最先投入运营，铁路复线率和电气化率远高于其他地区。

到 2010 年，长三角、珠三角、京津冀三大城镇密集地区交通运输线路长度达到 714693.4 公里，比 2005 年增长 1.89 倍，其中铁路里程达到 13712.4 公里，占全国的 15.0%，与 2005 年相比增长 1.16 倍；公路里程达到 652892 公里，占全国的 16.23%，与 2005 年相比增长 1.87 倍；内河航道里程达到 48089 万公里，沿海主要港口泊位达到 3849 个，比 2005 年增长 1.27 倍，内河主要港口泊位达到 14541 个。

随着中国经济在国际上所占份额的提高，三大城镇密集地区也成为全球航空网络中发展最快的地区。到 2010 年，三大区域机场数量达到 31 个，且机场规模较大、等级较高，其中 4E 机场 8 个，占全国 4E 机场的 32%。北京、上海和广州三大枢纽机场成为全国航空组织的中枢，也是全球航空网络中的重要节点。2010 年北京、上海和广州三地航空旅客吞吐量占全国的 37.3%，货运量占全国的 56.9%。

在三大城镇密集地区中，长三角交通运输线路长度达到 312733.2 万公里，比 2005 年增长 2.11 倍。其中铁路里程达到 4118.2 公里，占三大城镇密集地区的 30.03%，与 2005 年相比增长 1.30 倍；公路里程达到 272458 公里，占三大城镇密集地区的 41.73%，与 2005 年相比增长 2.06 倍；内河航道里程达到 36157 公里，沿海主要港口泊位达到 1815、1726 个，比 2005 年增长 1.05 倍，内河主要港口泊位达到 13392 个；长三角城镇密集地区共有机场 16 个，其中上海 2 个机场、江苏省 7 个机场、浙江省 7 个机场，机场密度达到 0.8 个 / 万平方公里，已大于美国平均密度（美国为每万平方公里 0.6 个)，也是我国机场密度最高的区域。长三角城镇密集地区铁路、公路、港口、机场现状布局分别如图 2-6 ～图 2-9 所示。

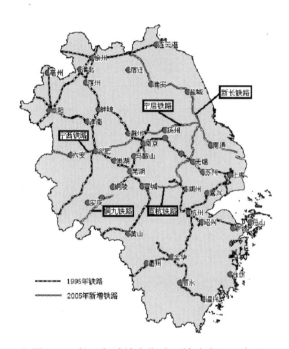

图 2-6　长三角城镇密集地区铁路发展示意图

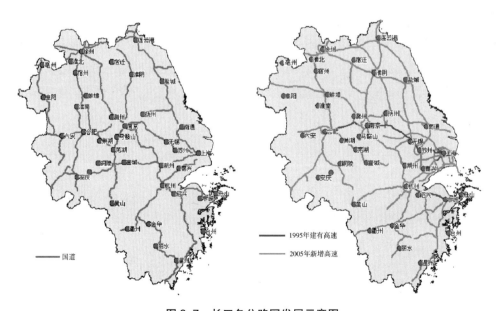

图 2-7　长三角公路网发展示意图

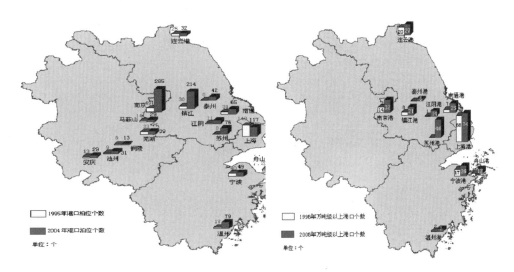

图 2-8　长三角城镇密集地区港口发展示意图

图 2-9　长三角地区机场分布示意图

珠三角交通运输线路长度达到 204714.9 公里，比 2005 年增长 1.68 倍，其中
铁路里程达到 2726.9 公里，占三大城镇密集地区的 19.89%，与 2005 年相比增长
1.22 倍；公路里程达到 190144 公里，占三大城镇密集地区的 29.12%，与 2005 年
相比增长 1.65 倍；内河航道里程达到 11844 公里；沿海主要港口泊位达到 1764 个，
比 2005 年增长 1.58 倍，内河主要港口泊位达到 1149 个；珠三角连绵区内机场 6

个，包括广州、深圳、珠海、梅州、汕头、湛江，香港、澳门，机场密度为 0.39
个 / 万平方公里。珠三角城镇密集地区铁路、公路、港口、机场现状布局分别如图
2-10 ～图 2-12 所示。

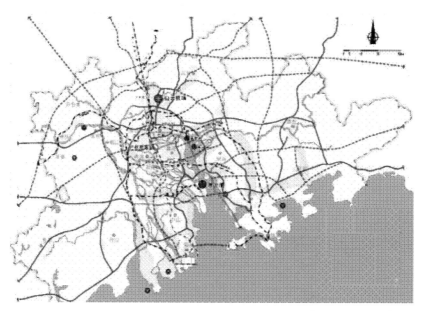

图 2-10　珠三角城镇密集地区铁路网络示意图

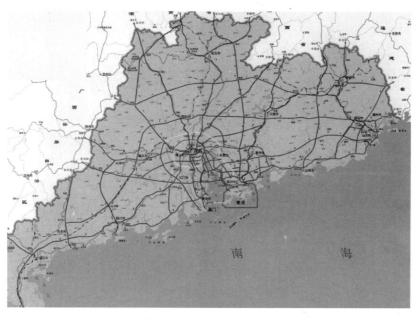

图 2-11　珠三角城镇密集地区公路发展示意图

图 2-12　珠三角城镇密集地区港口、机场布局示意图

京津冀城镇密集地区交通运输线路长度达到 197245.3 万公里，比 2005 年增长 1.83 倍，其中铁路里程达到 6867.3 公里，占三大都市区的 50.08%，与 2005 年相比增长 1.07 倍；公路里程达到 190290 公里，占三大都市区的 29.15%，与 2005 年相比增长 1.88 倍；内河航道里程达到 88 公里，沿海主要港口泊位达到 270 个，比 2005 年增长 1.5 倍；京津冀城镇密集地区内共有机场 7 个，包括北京首都机场、南苑机场、天津滨海机场、石家庄机场、秦皇岛机场、邯郸机场、唐山机场，机场密度 0.28 个 / 万平方公里。京津冀城镇密集地区铁路、公路港口、机场现状布局分别如图 2-13 ~ 图 2-16 所示。

2010 年三大城镇密集地区各种方式线路里程对比　　　　　　　　　　表 2-4

	全国	京津冀	长三角	珠三角
铁路（公里）	91178.5	6867.3	4118.2	2726.9
公路（公里）	4008229	190290	272458	190144
内河航道（公里）	124242	88	36157	11844
机场（个）	175	6	12	7
港口泊位（个）	31634	270	15207	2913
其中：沿海港口泊位（个）	5453	270	1815	1764
内河港口泊位（个）	26181	0	13392	1149

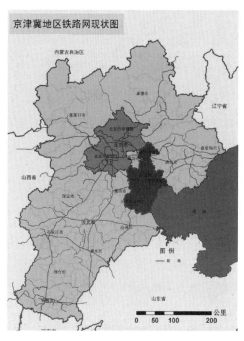

图 2-13 京津冀城镇密集地区铁路网
发展示意图

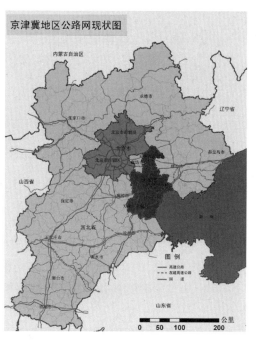

图 2-14 京津冀城镇密集地区公路网
发展现状示意图

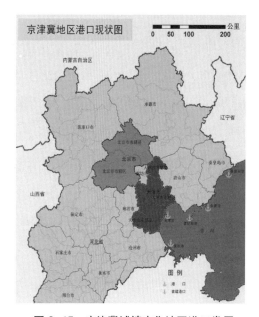

图 2-15 京津冀城镇密集地区港口发展
示意图 ①

图 2-16 京津冀城镇密集地区机场布局示意图

① 图 2-13～图 2-16 来自京津冀城镇群协调发展规划（2008-2020）. 北京：商务印书馆，2013：345-352.

2.4.2　交通运输需求稳步增长

城镇密集地区是我国城镇最密集、经济发展速度最快、综合经济实力最强的地区，人员往来频繁，交通运输需求旺盛，各种运输方式客货运输需求均很大，且处于快速增长阶段。到 2010 年，长三角、珠三角、京津冀三大城镇密集地区全社会客运量共达到 974679 万人，比 2005 年增长 2.4 倍；旅客周转量达到 7016.7 亿人公里，比 2005 年增长 1.44 倍；货运量达到 661429 万吨，比 2005 年增长 1.1 倍；货物周转量 56349.3 亿吨公里，比 2005 年增长 1.39 倍；客货运量与周转量分别占全国的 29.8%、2.52%、20.4% 和 39.73%（均未包括民航），如图 2-17 所示。

其中，2010 年与 2005 年，三大城镇密集地区铁路客货总量分别占全国的 29.1% 和 20.4%，周转量分别占全国的 25.11% 和 21.52%；公路客货总量分别占全国的 29.3% 和 18.4%，周转量分别占全国的 31.92% 和 20.26%；水运客货总量分别占全国的 23.1% 和 46.9%，周转量分别占全国 29.60% 和 60.80%。

2010 年三大城镇密集地区各种运输方式客货运量　　表 2-5

	铁路		公路客运量		水运客运量	
	客运（万人）	货运（万吨）	客运（万人）	货运（万吨）	客运（万人）	货运（万吨）
全国	167609	364271	3052738	2448052	22392	378949
长三角	19971	6760	315383	201842	3755	127226
珠三角	12422	7719	370715	106761	1423	35572
京津冀	16367	18669	209561	141465	1	14872

2010 年三大城镇密集地区各种运输方式占全国比例（单位：%）　　表 2-6

	铁路		公路		水运	
	客运	货运	客运	货运	客运	货运
长三角	11.9	1.9	10.3	8.2	16.8	33.6
珠三角	7.4	2.1	12.1	4.4	6.4	9.4
京津冀	9.8	5.1	6.9	5.8	0.0	3.9

2010 年三大城镇密集地区各种运输方式周转量 表 2-7

	铁路		公路	
	旅客周转量 （亿人公里）	货物周转量 （亿吨公里）	旅客周转量 （亿人公里）	货物周转量 （亿吨公里）
全国	278943	27644.1	15020.8	43389.7
长三角	774.5	712.7	2194.0	2713.7
珠三角	458.8	333.8	1736.3	1735.4
京津冀	967.0	4903.2	864.6	4344.0

其中，2010 年，长三角城镇密集地区全社会客运量总共达到 349428 万人，比 2005 年增长 2.2 倍；旅客周转量达到 2981.2 亿人公里，比 2005 年增长 1.37 倍；货运量达到 336064 万吨，较 2005 年增长 1.1 倍；货物周转量 31624.8 亿吨公里，比 2005 年增长 1.71 倍；长三角客运量和旅客周转量、货运量和货运周转量分别占全国的 10.7% 和 1.07%、10.4% 和 22.30%。

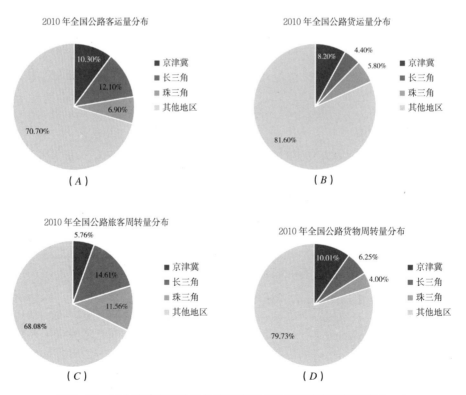

图 2-17　三大城镇密集地区各种运输方式客货运输发展与构成（一）

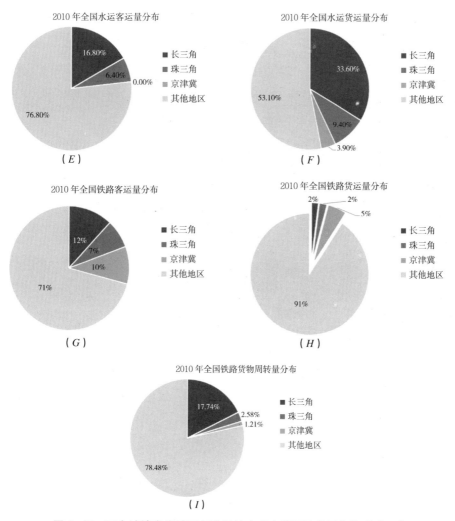

图 2-17　三大城镇密集地区各种运输方式客货运输发展与构成（二）

珠三角城镇密集地区全社会客运量总共达到 393001 万人, 比 2005 年增长 2.6 倍; 旅客周转量达到 2203.4 亿人公里, 比 2005 年增长 1.52 倍; 货运量达到 150222 万吨, 增长 1.26 倍; 货物周转量 5711.4 亿吨公里,增长 1.48 倍;珠三角客运量和旅客周转量、货运量和货运周转量分别占全国的 12.0% 和 0.79%、4.6% 和 4.03%。

京津冀城镇密集地区全社会客运量总共达到 232250 万人,比 2005 年增长 2.5 倍; 旅客周转量达到 1832.1 亿人公里,增长 1.47 倍;货运量达到 175143 万吨,增长 1.1 倍; 货物周转量 19013.1 亿吨公里, 增长 1.04 倍; 京津冀客运量和旅客周转量、货运量和货运周转量分别占全国的 7.1% 和 0.66%、5.4% 和 13.40%。

随着国民经济的快速发展, 沿海港口吞吐量快速增长。2010 年全国港口完成货物吞吐量100.41亿吨，其中沿海港口完成63.60亿吨，内河港口完成36.81亿吨。完成外贸货物吞吐量27.63亿吨，其中沿海港口完成25.23亿吨，内河港口完成2.40亿吨。三大城镇密集地区港口货物吞吐量为62.7亿吨，占全国的62.4%。其中，长三角、珠三角、京津冀分别为37.6亿吨、13.4亿吨和11.7亿吨，分别占全国的37.4%、13.3%和11.6%，如图2-18所示。

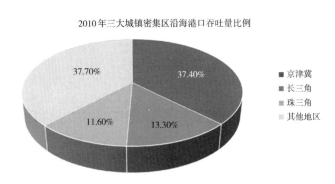

图 2-18　三大城镇密集地区沿海港口吞吐量占全国比重

2010年全国前10大集装箱港口分别为上海港、深圳港、宁波—舟山港、广州港、青岛港、天津港、厦门港、大连港、连云港港和营口港，十港口占全国港口集装箱吞吐量的81.1%。其中，上海港完成2906.9万标准箱，深圳港完成2250.9万标准箱、宁波—舟山港1314.4万标准箱、广州港1255.0万标准箱、青岛港1201.2万标准箱，营口港达到333.8万标准箱，沿海港口已经发展成为国际航运网络中腹地型（门户）港口枢纽。

据统计，2010年，我国大陆通航的175个机场共完成旅客吞吐量5.64亿人次，比上年增长16.1%；完成货物吞吐量1129.0万吨，比上年增长19.4%；飞机起降架次为553.2万架次，比上年增长14.3%。机场业务量的集中度高的北京、上海、广州三城市4个机场的业务量占全国的33.1%。

2.4.3　运输质量大幅度提高

在运输质量上，三大城镇密集地区也大幅度提高，在区域对外交通运输上，与世界主要航空枢纽的联系越来越紧密，港口与世界主要经济区和枢纽港口之间的班轮航线服务水平不断提高。三大城镇密集地区也是铁路提速受益最大的地区，相互之间的铁路客货运输时间大幅度降低，运输服务的保障水平迅速提高。三大地区的航空运输也占到国内的三分之二，成为国内航空运输组织的核心，相互之间的航班对开密度大幅度提高。

随着我国"四纵四横"骨干高速铁路网络的建设，城镇密集地区间旅客长距离陆路出行时间和环境得到大幅度改善，铁路运输质量和水平大幅度提高。统计数据显示，截至 2010 年 9 月底，中国高速铁路运营里程已达 7055 公里，全国铁路日开行动车组 1000 多列，日发送旅客达到 92.5 万人，高速铁路在中国取得了巨大成功。按照国家《中长期铁路网规划》，"十二五"末全国铁路运营里程将由现在的 9.1 万公里增加到 12 万公里左右，其中快速铁路 4.5 万公里左右。

随着城镇密集地区相互之间交流的日益频繁，城际轨道交通也得到快速发展。2005 年 3 月国务院审议通过了环渤海（京津冀）、长江三角洲、珠江三角洲三地区城际轨道交通线网规划（2005～2020），规划的城际轨道交通网总里程超过 2 千公里。2008 年 10 月国家发改委批复了《中长期铁路网规划（2008 调整）》，调整规划中城际轨道交通在完善长三角、珠三角、京津冀地区城际轨道交通网的基础上，重点增加了辽中南、山东半岛、中原地区、关中地区、武汉城市群、长株潭、川渝、海峡西岸等城镇经济发达和人口稠密地区的城际轨道交通线网建设规模。2008 年 8 月 1 日，我国第一条城际铁路——京津城际铁路建成通车，日开行 70 对动车组列车，最小列车追踪间隔 5 分钟，日均运送旅客 5 万人次以上。

2.4.4　运输结构有所改善

我国在大规模综合交通运输发展下，供求矛盾得到一定缓解，除在某些环节、某些地区、某些通道和某些特定时间段还不能很好地适应客货运输需求外，总体供给能力基本上能够满足需求。

我国城镇密集地区各种交通基础设施建设投资密集，随着国家综合运输投资的调整，各种方式之间协调性近年来逐步改善。到 2010 年，长三角、珠三角、京津冀三大城镇密集地区内各种运输方式客货运输量和周转量构成与 2005 年相比有所改善，运输结构逐步趋于合理。具体如表 2-8～表 2-11 所示。

三大城镇密集地区分省各种运输方式客运结构对比（单位：%）　　　　表 2-8

	铁路		公路		水运	
	2005年	2010年	2005年	2010年	2005年	2010年
上海	54.01	45.38	30.91	27.06	15.08	0.66
江苏	4.68	4.12	95.29	95.04	0.03	0.10
浙江	3.96	3.47	94.48	94.42	1.56	1.34

	铁路		公路		水运	
	2005年	2010年	2005年	2010年	2005年	2010年
广东	0.63	2.93	99.23	94.68	0.13	0.52
北京	71.88	6.33	28.12	89.67	0.00	0.00
天津	34.34	10.67	65.60	87.73	0.07	0.00
河北	6.79	7.38	93.21	92.28	0.00	0.00

三大城镇密集地区分省各种运输方式货运结构比例（单位：%）　　　　表 2-9

	铁路		公路		水运	
	2005年	2010年	2005年	2010年	2005年	2010年
上海	1.86	1.19	47.62	50.58	50.52	48.00
江苏	5.08	7.46	68.60	66.84	26.32	25.68
浙江	2.91	2.69	64.18	62.57	32.91	34.73
广东	6.71	6.52	71.14	71.71	22.15	21.68
北京	6.42	7.18	93.58	92.22	0.00	0.00
天津	17.36	18.82	50.61	51.66	32.02	29.51
河北	19.41	9.17	77.71	88.90	2.87	1.93

三大城镇密集地区分省各种运输方式客运周转量结构对比（单位：%）　　　表 2-10

	铁路		公路		水运	
	2005年	2010年	2005年	2010年	2005年	2010年
上海	38.05	33.23	58.44	63.77	3.50	2.99
江苏	20.56	22.69	79.43	77.22	0.01	0.09
浙江	26.27	29.00	72.82	70.52	0.91	0.48
广东	22.64	20.82	76.75	78.80	0.61	0.38
北京	56.60	25.51	43.40	74.49	0.00	—
天津	77.13	50.89	22.53	48.99	0.34	0.12
河北	50.96	62.29	49.04	37.71	0.00	—

三大城镇密集地区分省各种运输方式货运周转量结构对比（单位：%）　　表 2-11

	铁路		公路		水运	
	2005年	2010年	2005年	2010年	2005年	2010年
上海	0.38	0.14	0.61	1.41	99.01	98.46
江苏	15.94	6.17	15.34	20.56	68.72	73.27
浙江	8.28	4.81	10.91	18.25	80.81	76.94
广东	8.43	5.84	16.75	30.38	74.82	63.77
北京	85.31	88.41	14.69	11.59	0.00	0.00
天津	3.26	5.06	0.59	2.30	96.15	92.64
河北	48.71	44.83	13.64	49.70	37.65	5.47

广东省全社会各种运输方式结构对比（单位：%）　　表 2-12

	年份	合计	铁路（%）	公路（%）	水运（%）	民航（%）	管道（%）
客运量	1980	21444	13.11	73.82	12.66	0.42	—
	1990	78046	5.72	90.56	3.11	0.60	—
	2000	164791	7.4	90.4	1.4	0.8	—
	2010	467049	3.2	94.6	0.5	1.6	—
旅客周转量	1980	113.62	25.10	55.19	15.06	4.65	
	1990	453.21	18.22	67.83	4.34	9.61	
	2001	1218.59	24.77	74.43	0.81	—	—
	2010	2203.44	20.82	78.80	0.38		
货运量	1980	14201	21.90	21.17	53.91	0.01	3.01
	1990	85809	5.60	74.25	18.88	0.01	1.27
	2000	119216	12.7	63.2	21.6	—	2.5
	2010	205034	5.9	69.4	21.0	0.1	3.5
货物周转量	1980	1412.67	6.01	0.57	93.30	0.01	0.11
	1990	2598.88	6.91	13.32	79.48	0.03	0.25
	2001	3147.7	9.41	16.07	74.51	—	—
	2010	5711.4	5.84	30.38	63.77	—	—

2.5 城镇密集地区综合交通发展阶段和特征

2.5.1 综合交通发展阶段

我国行政架构和投资模式决定了区域经济以城市经济为主体，其发展过程随着经济市场化由绝对封闭型经济逐步走向相对封闭型经济，再走向相对开放型经济，最后发展为开放型经济。区域城镇关系和空间结构也相应地分为四个不同组织阶段：（1）孤立体系阶段。这一阶段的城市体系空间结构为均衡态结构，地方中心比较独立，城市等级体系之间关联较弱，每个城市都是一个小区域的中心，形成独立的平衡状态。（2）区域体系阶段。这一阶段形成空间范围相对较小的核心——边缘结构，由于区域开发初期资本相对缺乏，只能选择少数拥有较多自然资源或人口稠密、市场广阔或交通便利，接近国外市场的城市作为开发重点，外围地区的资本和劳动力移向中心城市并在其周围发展新的开发地区。（3）区际体系阶段。当外围地区开发趋向成熟时，形成相应的次中心，且经济进一步发展时，次中心加强，逐步形成多核心结构，并最终分解为几个不同的核心——边缘结构，城镇关系增强，区域职能从中心城市扩散，密集地区开始出现沿主要走廊的跨界连绵发展。（4）大区体系阶段。当一个地区的极化和疏散均衡时，全区经济、社会系统融为一体，区位效能充分发挥，城市发展从极化开始向均衡发展，形成功能相互依从的区域空间体系。

大都市区等级 　　　　　　　　　　　　　　　　表2-13

类型	定义	举例
大都市区（Metropolitan）	依据当前美国人口调查局（Census Bureau）的定义	匹兹堡、博伊西（美国爱达荷州首府）
大都会区（Metroplex）	两个或两个以上大都市区享有重叠的郊区，但主要城市没有接触和靠近	达拉斯—沃斯堡、华盛顿—巴尔的摩
走廊型超大都市地区（Corridor megapolitan）	两个或两个以上大都市区主要城市相隔50~150英里左右，沿某一国家级交通走廊延伸，形成线型多城市地区	亚利桑拉阳光走廊（Phoenix-Tucson）、旧金山—萨克拉曼多（加州首府）
星河状超大都市地区（Galactic megapolitan）	三个或以上大都市区主要城市相隔150英里以上，共同形成一广阔的城市网络，其间以国家级交通走廊互连	皮德蒙德高原（美国阿巴拉契亚与大西洋沿岸之间平坦的高原地带）、大湖月牙区
超级大都会区（Megaplex）	两个相互接近的大都市区拥有相同的文化和物质环境，共同维护紧密地商业联系	大湖月牙区+巨大都市人口密集带

资料来源：Robert Lang，Paul K. Knox. The New Metropolis：Rethinking Megalopolis，Regional Studies，22 January 2008.

　　网络是区域空间各组成城镇的相互位置和能级关系的表现，依据城镇节点所处区位的重要性和自身的竞争力，不同城镇节点的网络控制权不同。一般而言，通道的密度能反映城镇节点的网络权力大小。城镇密集地区内的空间体系与网络结构有着紧密联系，在网络结构中，网络权力大的城镇节点其等级越高，具有强大的辐射和带动能力，高级城镇节点是区域空间发展状态的调控者，也是稳定器。城镇节点的等级高低、网络权力大小、资源配置三者必须协调，这是区域空间结构重组的重要原则之一。处于不同发展阶段的区域空间结构诸要素的重组内容是不断地由低级向高级发展的。

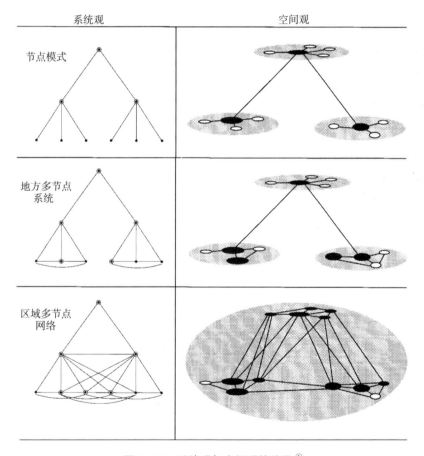

图 2-19　系统观与空间观的差异[①]

①　Lambert Van Der Laan. Changing Urban Systems：An Empirical Analysis at Two Spatial Levels，Regional Studies，32（3）：245.

城镇密集地区交通发展与产业、空间调整的互动关系　　　　表 2-14

		前期→起步期	起步期→快速发展期	快速发展期→成熟期
交通发展	节点	形成副中心，加强与同级相邻节点的分工与协作，加强内部产业重构与空间重组	促进低级节点成长和边缘区城市化水平提高，培育巨型城市和大都市连绵区	形成若干国际性大都市，促进国际大都市成为全球节点
	通道	网络状通道建设	提高通道等级，提高不同通道的协作、联动性	加强国际通道建设，促进地方通道与国际通道有机耦合
	网络	多节点网络，多重网络	加快非物质性网络建设	构建全球网络
空间调整		地方空间→承转空间	承转空间→流动空间	流动空间→全球体系
产业发展		三产快速发展，二、三产业引导区域增长，制造业的加工度提高	三、二、一结构，三产引导经济增长	以高级第三产业为主（如金融、信息、研发、物流等）

资料来源：根据陈修颖，区域空间结构重组：理论基础、动力机制及其实现，经济地理，Vol.23，No.4相关材料整理。

可以认为在发展相对成熟的城镇密集地区，如长三角、珠三角和京津冀地区，交通发展已处于快速发展阶段，并向成熟阶段迈进；而多数发展相对不成熟的城镇密集地区，其交通发展则还处于起步阶段，部分在向快速发展阶段演进。

2.5.2　城镇密集地区综合交通发展现状特征

2.5.2.1　综合交通网络结构更加均衡，网络可达性提高

城镇密集地区是我国城镇化水平最高、城镇发展最快的地区，其交通基础设施发展速度明显快于其他地区。高速公路、轨道交通等快速通道的建设，形成纵横交错的现代化快速交通网，提高了各城市的通达程度和区域的交通网络化水平，促进了城镇密集地区空间结构的发育。

交通网络建设是城镇密集地区一体化的最重要前提。2005 年 3 月，国务院审议通过《环渤海京津冀地区、长江三角洲地区、珠江三角洲地区城际轨道交通网规划》，城际轨道交通作为一种新型交通方式加入区域网络，丰富和加强了区域综合交通系统。规划明确提出要在京津地区基本形成以北京、天津为中心的"2 小时交通圈"，在长三角地区基本形成以上海、南京、杭州为中心的"1 ~ 2 小时交通圈"，在珠三角地区形成以广州、深圳为中心、以广深广珠城际轨道交通为主轴、覆盖区内主要城市、衔接港澳地区的城际轨道交通网络。

在京津地区，国内第一条运营速度达到每小时 350 公里的客运铁路专线——京津城际铁路于 2008 年 8 月正式开通，从北京出发约 30 分钟就可以抵达天津，

发车间隔为 3~5 分钟。城际铁路大大促进了京津优势互补，推动京津冀城镇密集地区快速发展。

在长三角，世界上最长的跨海大桥杭州湾跨海大桥，于 2008 年 5 月试运营通车。杭州湾跨海大桥对完善长江三角洲区域公路网布局，缓解沪、杭、甬城市间高速公路交通的压力，改变宁波市交通末端的状况，实施环杭州湾区域发展战略，都具有重要意义。作为完善长三角交通网络的重要工程，沪杭客运专线也于 2009 年动工，建成后杭州至上海只需半个多小时即可到达。而南京以下的跨长江通道——苏嘉通道的建设等都使区域交通网络更加均衡。

在珠三角，作为广深地区城际铁路网中两条主轴线之一的广深港客运专线广深段于 2011 年 12 月通车。专线设计速度目标值为线下部分 350 公里/小时，线上部分达 250 公里/小时以上，正线为双线，全线建成后，香港到广州将由目前 100 分钟缩减至 50 分钟，1 小时内可穿梭广深港三地。同时广深沿江高速、港珠澳大桥等设施建设，完善了区域交通网络结构。

2.5.2.2　运输组织范围不断扩大，运输距离逐步增加

随着我国高速交通系统的发展，交通运输装备水平的提高，高速铁路、快速轨道交通、高速公路等不断完善，运送速度越来越快，1 小时交通圈、2 小时交通圈、3 小时交通圈，以及 1 日交通圈的范围随着高速交通系统的扩张越来越大，使得城镇密集地区的运输组织范围越来越大。

长三角已经建成了联系区域内所有重点城镇的高速公路网络，而且还在不断扩张，以高速公路为载体的城际快速客运交通发车频率已在区域内基本实现准公交化。正在建设联系区域各主要城市的城际轨道交通系统，设计速度达到 200～250 公里/小时。而以长三角为核心的国家高速铁路网络、普通铁路提速工程也正在展开。这些工程的实施将大大拉近区域内城镇之间的时空距离，中心城市与区域内主要城市实现一小时通达，区域的经济活动组织与分工协作得以在更大的范围内实现，区域协调和区域联系将随着高速区域交通时代的到来而进入新的发展时期。

长三角都市圈内中心城市"三小时互通"，所有地区"20 分钟上高速"，上海与长三角以外周边地区实现"五小时沟通"。交通部组织编制的《长三角现代化公路水路交通规划纲要》提出，一个以上海为中心、覆盖长三角的"半日交通圈"将在 2020 年建成。

随着广东省高速公路网络的不断延伸，广东越变越"小"，逐步形成了以珠三角为中心的"4 小时交通圈"和珠三角城际间的"1 小时交通圈"。

随着运输速度的提高和运输范围的扩大，运输距离也随产业组织和城镇联系快速调整，中心城市对区域的影响也越来越大，产业布局和各功能区的分工更加合理。如上海市客运平均运距由 2000 年的 142.2 公里增长至 2010 年的 176.9 公里、江苏从 2000 年的 71.2 公里降至 2010 年的 68.5 公里、浙江从 2000 年的 49.0 公里增至 2010 年的 55.1 公里。上海市客运基本以中长距离为主，而江苏、浙江以短途客运为主，特别是浙江，其客运平均运距不足上海的 1/3。上海在长三角货运结构中也处于中心位置，货运周转量比重保持在 80% 左右，2000 年为 81.2%，2010 年为 77.2%。此外，由于地区间联系的加强和基础设施的改善，促进长三角地区货运周转量快速增长，2010 年是 1985 年的 11.0 倍，比 2000 年增长了 3.5 倍。长三角客运平均运距变化如图 2-20 所示。

铁路提速后长途旅客平均运距逐年增加，如浙江省旅客平均运距 2001 年、2005 年和 2010 年分别为 393 公里、423 公里和 448.7 公里。

在运输组织上，公路运输主导的局面正在改善。随着综合交通网络衔接的完善，区域内的港口、机场等重大交通基础设施的共享也逐步提高，综合交通枢纽的服务范围越来越大。

我国城镇密集地区大多位于东部沿海发达地区，区域内港口众多，其中长三角、珠三角和京津冀三大港口群是我国重要的门户，在我国货物运输中具有重要地位。然而，目前这三大港口群后方集疏运系统仍以公路为主，铁路疏运通道相对不足，能力也比较小，如长三角的上海港和珠三角港口群的许多港口。京津冀城镇密集地区内的主要港口，除秦皇岛港主要以煤炭为主，铁路集疏运系统比较完善外（京山、沈山、京秦、大秦四条铁路干线直达港口，港口还建有 170 多公里的自有铁路，有国内较先进的机车和编组场），其他几个大港还是以公路为主。北方地区最大的集装箱港——天津港，铁路集疏运能力很小，铁路集装箱量不到总量的 3%。目前各地已经开始港口集疏运网络的调整，逐步加大铁路和水路集疏运的比例。

在机场方面，目前城镇与机场主要通过高速公路衔接，一些大的枢纽机场已经引入了城市轨道交通，如上海虹桥机场、浦东机场和北京首都机场。

随着京津城际轨道交通的开工建设，目前国家正在着手研究京津城际轨道交通延伸至京、津机场，从而使该条城际轨道交通在连接北京南站和天津站的基础上，实现首都机场与天津机场的直通，这将对北京、天津航空资源的整合产生重要影响。预计通车后，首都机场至天津滨海机场的列车运行时间在 1 小时左右，会极大方便京津两地旅客。

而在长三角地区机场与城际铁路的联姻也创造了双赢的效果，通过区域城际铁路与机场的联运，大大扩大枢纽机场的服务范围。

客运平均运距（公里）

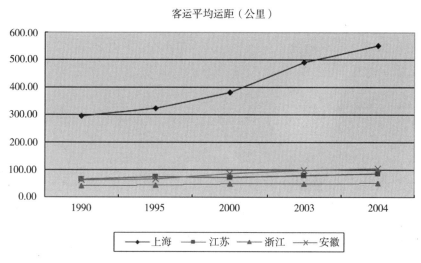

图 2-20　长三角分省区历年客运平均运距变化

2.5.3　综合交通管理体制和运营机制现状特征

各城镇密集地区的综合交通体系基本上都涵盖了五种运输方式（公路运输、水路运输、航空运输、铁路运输和管道运输），体现了综合运输体系的"全"，而综合运输体系不仅仅是五种运输方式的简单总和，它立足于各种有机联系，使五种运输方式协作配合、有机结合、联结贯通，体现了各种运输方式的"协作、协调、协同"，即运输过程的协作，运输发展的协调和运输管理的协同。从交通运输建设来看，在经济的不同发展阶段，需要建立与其相适应的运输规模、运输能力、运输管理体制等，特别要适时调整运输体系的结构和管理体制，以提高运输效率和经济效益。

目前我国城镇密集地区综合交通协调发展还缺乏必要的机制保障。区域间交通系统管理按照铁路、公路、港口、民航等专业部门划分并进行分块管理，同时，多数的设施投资和管理又以行政区为界实现属地化管理，成为城镇密集地区内一体化交通网络建设和组织的最大障碍。相互独立的投资、管理和运营体制，导致道路、机场、码头各自建设、缺乏协调的现象十分突出，各部门、各行政区独立制定发展规划，均以全域、全方式增长作为预测基础和核心指标，导致不同方式交通基础设施闲忙并存、利用率低下、结构失衡，资源浪费十分严重。各种运输方式的技术特征不同，各有优势和特点，完成单位运量对交通可持续发展的贡献不一，公路运输由于建设的权限、投资和审批程序等原因，获得超常规发展，部分城镇密集地区的公路网络密度已经冠绝全球，而内河航运运量大、成本低、占地少、污染小、能源消耗低，却由于重视程度不够，内河航运相对于现代化的公路运输方式基本处于自然状态，比较优势难以显现。铁路运输对环境污染小，运输能力强，但受投资和运营体制影响，发展缓慢，铁路客货运的大部分走廊一直处于高负荷状态，不能满足社会需要。

同时，城镇密集地区内部城市交通与区域交通的协调更难以保障，城市交通和区域交通的管理分属不同部门，权属按照传统城和郊的政区边界划分，在区域经济一体化背景下，城镇化、城市职能扩散到整个区域，城市交通区域化和区域交通城市化趋势显著，人为划定的管理边界已经成为阻碍区域交通健康发展的瓶颈。在目前城市空间和区域空间构建的关键时期，这种分割模式使交通和空间发展分离，管理机制阻断了源与流之间的联系。

为了克服体制造成的障碍，加强城镇密集地区之间的合作，实现区域交通的一体化，一些省市之间开始筹划部门、政区相互间的协作和机制调整，突破地域、行政和行业等对城镇发展的约束。

三大城镇密集地区也是最早开始筹划建立一体化的区域交通运输规划、建设和管理协调机制的地区。早在1999年，上海、浙江和江苏就开始探讨长江三角洲经济一体化问题，2002年，沪、浙、苏成立了常务副省长、副市长的沟通渠道和沟通机制，从协调区域大交通体系规划、出台三省市电子信息资源和信用体系资源的共享方案、加快区域旅游合作、建立三省市生态建设和环境保护的合作框架、实现区域内气源互补五大方面入手，大力推进区域一体化发展。

在港口合作方面，长三角各城市建立了港口合作机制，设立联席会议制度，并开展长三角地区内河集装箱运输体系建设协调。在通关合作方面，长三角区域探索建立"长江沿岸至海港的联运海关监管模式"，实施"属地报关、口岸验放"的区域通关新尝试。

到目前为止，长三角、珠三角、海峡西岸等在运营机制探索方面已经迈出实质性的步伐。

（1）长三角联席会议

2006年9月，上海、南京、宁波、南通等16个长三角地区的城市港口管理部门，在南通共同建立了长三角港口管理部门合作联席会议制度，借此进一步增强区域港口群的综合竞争力，实现互利共赢。在此背景下，由上海市港口管理局牵头，会同南通市港务局、宁波港口管理局共同发起了第一次长三角港口管理联席会议，上海、南京、宁波、南通、苏州、镇江、无锡、常州、泰州、扬州、舟山、台州、杭州、嘉兴、湖州、绍兴16市的港口管理部门，共同商讨建立长效协调合作机制，形成畅通的工作协商、协调渠道。期望通过发挥各方的比较优势，加强管理资源的共享、交流与互补，促进区域内港口行政管理水平的提高，促进港口产业与市场的优势集成，最终实现互利共赢、共同进步。

（2）珠江三角机场 A5 协调机制

A5 话题的正式提出，源于 2001 年 7 月 27 日在香港举行的首届"珠江三角洲五大机场研讨会"，商讨珠三角五大机场未来的合作之路。

2001 年 7 月，在香港机场管理局倡议下，珠三角区内 5 个机场——香港、澳门、深圳、珠海、广州成立了"珠江三角洲五大机场研讨会"。A5 之下成立 5 个专责小组，以进一步加强合作。

A5 成立之初，商定每半年各机场轮流做东开会；不过 2003 年 6 月，A5 在珠海机场举行了第 4 届研讨会后，该组织就悄悄中止了运作。2003 年 6 月 A5 第 4 届会议结束后发布的新闻信息指出，下次会议将在广州举行。但半年又半年，A5 悄无声息。

2007 年，在珠三角地区五大机场座谈会上，五大机场同意设立"珠三角机场合作论坛"。

（3）海峡西岸城市联盟

2003 年 5 月，福建省政府制定了"福建省开展城市联盟工作总体框架"；6 月份，厦门、漳州、泉州三个设区市城市联盟试点工作正式启动。2004 年 7 月 30 日，厦泉漳城市联盟第一次联席会议在厦门召开，福建省建设厅宣读了《厦泉漳城市联盟宣言》，随后 3 个城市领导举行签字仪式。厦门、泉州、漳州宣告结成城市联盟，三市将统一规划、整体布局，并建立城市联盟市长联席会议制度。

2.6　城镇密集地区综合交通发展的挑战

2.6.1　主要问题及形成原因

目前我国的行政区划与交通的分行业管理体制，与城镇化进程加快、区域经济一体化发展趋势之间的矛盾越来越突出，导致城镇密集地区交通基础设施在规划、建设、运营和管理等方面对城镇发展、经济组织之间的阻隔越来越严重。

2.6.1.1 城市扩张带来的城市交通与区域交通概念混乱

我国城市交通与对外交通均以中心城区为核心，按照中心城区建设界限划分。界限内外分别执行城市交通和对外交通的建设和管理标准，其规划、建设、管理和运营模式也完全不同。对外交通设施建设和管理假设是在无城市开发的郊区进行，而城市交通设施假设是在城市已开发地区，这种模式是我国长期低城镇化率下城乡二元的开发管理模式。

城镇密集地区则是全新的开发和管理模式，城镇规模与职能发展快，城镇用地扩张迅速，超出原有中心城区的范围，城镇化甚至在市域全境内展开，城乡差别迅速消弭，城市特征的出行蔓延到中心城区开发界限之外，城市交通服务也随之向外延伸。城市之间、城郊之间的交通目的在全境城镇化模式下趋同于城市交通，城市交通功能渗入城郊地区，而两种交通在目前管理体制下，在功能与界限的定义上相冲突，导致传统以城市建成区边界为定义核心的城市交通与区域交通变得混淆不清。这使既有的城市交通规划与对外交通（包括区域交通）规划的建设和管理模式失效。在城镇密集地区，城市扩张使"对外交通"对城市空间结构的意义日益重要，对外交通（出行目的）的构成也发生了巨大变化，但城市的对外交通规划、建设模式却没有改变，建设标准仍然固守传统的城郊二元模式，使城镇密集地区快速城镇化与交通发展之间的冲突和割裂越来越严重。

2.6.1.2 行政区划造成区域层次的交通规划和交通组织缺失

随着城市区域化和区域城市化的发展，区域交通与城市交通逐步融合，呈现出"区域交通城市化，城市交通区域化"的特征。区域交通在特征和组织上向城市交通靠拢，城市特征的交通则向区域延伸，两者之间的空间边界和功能边界逐步模糊。将区域交通与城市交通作为整体进行统一考虑，实现区域交通与城市交通一体化发展，是区域一体化发展的基本要求。目前的规划实践中，规划编制由于空间边界的制约，交通设施布局规划仍然采用单一城市规划和对外交通规划思路，缺乏区域层面对城市交通与区域交通整合和一体化组织的考虑，即城市交通和区域交通仍然各自规划和组织，这与城镇密集地区交通发展特征不符，不利于城镇密集地区的空间组织和职能发挥。

目前以城镇密集地区为对象的区域规划刚刚起步，但由于规划体制约束，不同交通方式管理部门都在进行某一方面的以城镇密集地区为对象的区域规划和研究，如城际轨道交通规划、公路网络规划等，这些规划的共同特点是以某种交通方式为基础，规划的理念与方法仍套用传统的城乡二元模式，仍然是以城市为节点的大尺度国土规划的延续。在规划内涵上，由于缺乏对城镇密集地区都市化发展和演变的理解，忽略了城镇密集地区城市化开发向区域扩散带来区域出行目的、出行组织、出行服务的转变，没有能充分考虑区域城镇职能的分工、区域交通需求的变化，以及与城镇空间发展的配合等因素。在规划的表达上，由于受行政区划和编制体系的制约，规划层次上仍然按照空间界限划分为传统城市交通和对外交通，将目前在组织、服务、目的上变化最大的区域交通等同于传统的对外交通进行处理。

2.6.1.3　区域交通标准使用混乱，给管理、建设带来诸多隐患

区域交通是近年来由于城镇密集地区的出现而新出现的交通形式，目前国家相关管理部门还缺乏相应的规划、建设和管理标准，造成区域交通系统在规划、建设和管理、运营上无章可循，投资浪费和安全隐患问题丛生。

我国传统的交通规划、建设、管理和运营标准一直按照城市交通和对外交通二元设置，城市交通标准以网络密集为前提，交通设施的建设、管理和运营以服务用地开发为主导，而对外交通以稀疏网络为基础，交通设施重点考虑串联远距离的城镇、乡村。两者的安全标准、设施维护、服务对象完全不同，适用的标准也大相径庭。如城市道路因两侧用地开发，道路上的行人众多，需要照明，道路空间需要考虑市政管线的布设，而公路则一般高出地面，利于排水，也无照明要求，城市公交由于运行速度较慢，额定载客按照地板面积计算，而公路客运则按座位作为额定载客的依据，城市道路的设计交通量以高峰小时为基础，而公路则以年平均日交通量为依据等等，两者的规划设计理念和运营组织完全不同。

目前城镇密集地区的区域交通则颠覆了传统两分法的交通设施规划和管理，密集区内的联系交通介于城市与对外交通之间，部分地区的交通特征趋向或已等同于城市交通，部分则仍趋近于传统的对外交通。由于区域交通的变化来自于城镇化的影响，在发展形态上是因为城市（功能与开发）的延展，空间超出了中心城区城市管理的范围，导致目前在规划上城市交通和对外交通的管理部门均缺乏对区域交通的研究，缺乏对应的适用标准指导。如对于公共交通的载客标准，缺乏按照地板面积还是以座位标准的划分界限。在目前许多特大城市均采用了城市公共交通标准延伸的模式，将城市交通服务延伸到区域，造成城市空间随城市服务蔓延，是多数城镇密集地区大城市空间摊大饼模式发展的原因之一。

2.6.1.4　属地化管理导致交通设施共享性差，重复建设现象严重

由于行政区划对应于投资界限的约束，交通基础设施属地化管理、企业化运营

与区域一体化服务之间矛盾突出，使区域交通基础设施的共享难以组织，重复建设严重。城镇密集地区内大型交通基础设施的管理虽然隶属于所在的城市，但管理上采取企业化经营，服务范围为整个区域，是区域内所有城镇对外交通系统的重要组成部分。因此，这些设施需要按照其服务区域范围的大小来构建交通组织的网络，而属地化管理的结果则是这些设施的集疏运交通系统只能以所在城市为主构建，如机场、港口的集疏运道路，属地自主的集疏运系统建设模式使城市间对外交通服务处于不平等状态，导致区域内不拥有大型对外交通设施的城市出于保障其经济发展的需要，纷纷考虑建设自己境内的机场、港口等设施。而区域需求分散，服务价格走高，极易导致区域内设施服务的恶性竞争和低水平重复建设，形成设施越多，各自的运量越少、服务水平越低的局面。如京津冀城镇密集地区内首都枢纽机场的集散交通系统（高速公路、轨道交通）主要在北京范围内考虑，与区域内天津、唐山等主要城市的联系考虑都较少。

2.6.1.5 以大城市为核心的都市区没有相应的交通网络支撑

城镇密集地区在经济一体化下，按照城市功能和经济组织可以细分为多个大都市区，大都市区是以核心城市为中心在社会经济活动组织上高度一体化的区域，其空间组织不以划定的城市行政区边界为界限，而按照社会经济活动组织进行划分。核心城市在城市职能和资源上的优势使其成为城镇密集地区发展的核心，城镇主要职能在都市区范围内集聚和扩散，传统的城市用地平衡也在都市区内实现。

都市区围绕核心城市在居住、就业，以及城市基本公共服务上一体化布局，不同空间职能构成之间的交通联系等同于城市交通，这需要城市交通的"连续"服务，以使都市区各部分的功能正常运转。在城镇密集地区内，都市区的范围往往超越行政区边界，而由于城市交通投资几乎完全来源于地方政府，政府辖区边界与投资边界重合，城市交通网络规划、建设，甚至运营只能限于行政区内，跨越政区的城市职能往往难以得到保障。目前发生在许多大城市的跨界居住职能，由于城市公共交通的建设、运营、补贴等难以落实，跨界居住居民的公共交通服务难以保障。

这种由于核心城市规模和空间扩张造成的矛盾，多数城市主要尝试通过行政区划调整来解决，也有部分城市还没有找到有效的解决办法，这也是近年来城镇密集地区内核心城市行政区划调整频繁的主要原因之一。

2.6.1.6 分行业管理的体制造成行业间发展不平衡

长期以来，我国各种运输方式分部门管理，导致区域内综合交通协调难以实施。一是规划以分条的行业为主导，综合性的规划缺乏实施机制，各部门内制定规划、管理运营，缺乏跨行业、跨方式的协调配合和有机衔接的机制；二是各交通部门都具有投资能力，而资金只能投资在部门内，且各行业的投资体制、投资能力存在较大差异。现行的投资体制和规划、建设机制使各行业都在大规模扩大设施能力，不同行业基础设施发展速度主要体现在投资能力上，而非实际的需求和综合交通的协调的需要，造成行业发展极不平衡，交通投资难以统筹；三是运营管理也分散在各行业内部，导致不同行业、方式的交通基础设施的管理和运营各自为政，很难统筹协调、一体化运作。如铁路作为综合交通运输中的主要运输方式之一，由于建设投融资渠道不畅等原因，导致铁路建设速度缓慢，铁路运输能力严重不足，一些适合铁路运输的货物不得不通过公路运输，区域内大运量的客运走廊上，公路运输也成为主导，既不低碳，也不可持续，严重影响综合运输整体效益发挥，既提高了运输成本，也扭曲了城镇密集地区的空间组织和经济运行。

2.6.1.7　没有建立有效的协调机制

城镇密集地区是近年来我国城镇化和经济快速发展的产物，按照有利于生产力和生产关系发展的客观要求，城镇密集地区的管理机制应随之变化和创新。当前国家和城镇密集地区内的省市政府管制模式仍然按照之前城镇独立发展时的行政体制来管理，城市间协调受制于政区、行政层级和行业，城市内协调受制于部门。这种以城市辖区为管理单元，内部城乡二元分割的行政体制导致城镇密集地区内每一城市均作为独立的发展实体，城乡分治。城市仅规划、建设、管理和经营其界限内的设施，而且中心城区内外不同"轨"，城市利益位于区域协调之上，增加了区域协调难度，中心城区的内外协调也受制于国家行业管理。

在城镇密集地区发展过程中，行政管理相对统一的地区已经意识到区域协调对于区域内城镇发展的重要性，并成立了相应的机构来协调区域城镇的发展，但协调结果的约束性不强。如 1994 年成立的珠江三角洲经济区规划协调领导小组，由省内的常务副省长兼组长，成员包括珠三角各地级市的市长和省级相关部门，但协调事项偏向于共同利益部分，对协调参与方不具有执行的约束力，并缺乏有效的执行和监督机构。

这种区域协调机制严重滞后于城镇密集地区经济发展的现实，使目前区域协调的事项仅能停留在一些次要的事务和区域内所有成员均可以受益的事务上，对于涉及区域核心竞争力事项的协调则无能为力。

2.6.2　综合交通发展的挑战

目前城镇密集地区的综合交通体系，特别是与城镇化发展关联密切的客运交通系统处于快速构建和发展过程中，随着产业结构的升级，货运体系的组织转型也在进行之中。与此同时，城镇密集地区又处于区域城镇空间优化重构的关键时期，两者之间需要密切配合和良好互动，以形成合理的城镇空间结构，为未来综合交通系统的可持续运营提供保障。由于目前区域交通设施发展方面还没有建立起有效和可行的协调机制，区域交通与城市交通之间的关系也没有厘清，使未来区域综合交通发展的主要挑战体现在以下三个方面：

2.6.2.1 形成高效的区域综合交通体系的挑战

高效运行的区域综合交通体系，既是区域社会经济发展和空间组织的需要，也是交通系统可持续发展的需要，这要求交通系统的各组成部分充分发挥各自的优势，在运行中取长补短。如按照运输距离与成本，长距离运输宜采用铁路、水运、航空，短距离运输宜采用公路。而我国综合交通运输的投资和管理采取分行业管理模式，这是在交通运输能力总体短缺时期的有效的管理模式，保障了各行业的独立、快速发展。随着区域综合交通系统的完善，这种管理模式的弊病逐步凸显，投资难以跨行业，同时各行业内部强调各自的重要性，谋求快速发展，城镇密集地区"密集"的交通运输需要为行业发展提供了"借口"，在综合交通系统中不同交通方式之间的竞争远远大于协调，结果是各种交通方式不断超越自身的经济运输距离，如区域客货运输中的公路运输，运距越来越长，部分地区的高等级路网密度超出合理范围，抑制了区域轨道交通的发展，因此在目前区域轨道交通大规模投资的情况下，轨道交通与公路的协调面临巨大挑战。缺乏协调的体制也导致协调的规划难以实施，或者没有实施主体，如目前各地均编制完成的城镇群协调发展规划，对各交通行业与城镇发展进行了协调安排，但由于分属不同的规划实施机构，其对于交通和城镇发展指引收效甚微。此外，独立的投资体制也导致不同交通方式的设施、走廊难以融合，造成交通基础设施建设上的巨大重复投资。如目前多个城镇密集地区的公铁共用的跨江、跨海湾桥梁数量较少。

2.6.2.2 引导城镇社会经济健康发展的挑战

交通的可达性和便捷程度是影响城镇关系和产业组织的主要因素，直接决定着企业的选址和运行效率、成本以及城镇间的交流与联系，因而在很大程度上决定着产业和城镇的竞争力。

行政区经济导致区域协调发展难以发挥应有的效力，交通设施发展和协调不足又影响城镇密集地区规模经济的形成，进而影响区域整体的竞争力。区域内各城镇横向联系弱，竖向作用强，各城市强调自成体系，采取独立发展阶段"小而全"的思路发展，结果城市间的恶性竞争加剧，城市之间的合作与协调被抑制。香港与深圳之间、深圳与广州、北京与天津之间在产业选择、港口和机场建设、铁路网络布局与场站选择等都存在类似问题，即资源不能在区域内有效配置，造成不合理布局或重复建设，导致区域难以形成分工合理、高效配合的产业链。

城镇密集地区是我国产业经济发展的先行地区，在国际和国内产业分工深化的形势下，产业结构调整的步伐正加快，第三产业比重逐步提升，传统劳动密集型加工产业难以承受劳动力和土地价格的上涨而逐步转移，新型、高附加值的制造业逐步植入，这对已经形成的交通运输网络、运输组织提出挑战，产业转型带来运输需求的变化，如港口与陆域产业的关系调整，客货运构成的调整等，需要交通运输的转型适应产业经济的转型，需要对目前的交通运输网络与组织重新审视，抛弃将发展等同于设施规模增长的规划和建设思路。

2.6.2.3　引导城镇空间发展的挑战

一般而言，交通影响空间结构的作用机制表现为通过交通条件的改善提高了空间可达性和对外联系的便捷度，从而通过沿线土地价格的变化和土地使用功能的转换达到空间结构的调整。因此，区域性交通基础设施的缺乏将制约区域城市空间的拓展和职能的成长，不利于城镇密集地区合理空间结构的形成，也不利于城镇密集地区整体功能的发挥。

对于正在成长中的城镇密集地区，由于缺乏区域性交通基础设施的合理引导，或者区域性交通设施定位不清，布局思路混乱，区域交通设施与城市发展难以形成合力，不能有效引导城镇和区域合理空间的形成。

城镇密集地区是当前我国城镇化的重点地区，也是未来一段时间城市空间塑造的焦点，任务极为艰巨。一方面区域内的城镇规模在国家相关政策下必然会继续快速增长；其次，区域内城镇经过改革开放后几十年的发展空间已具雏形，今后一段时期将面临空间优化的重任，需要调整城市功能、人口、就业岗位的分布，使城市运行更加高效；第三，随着区域交通网络的完善，区域内城镇职能的布局也将进入快速调整期，区域活动重塑，形成新的城镇关系，区域和城市职能的扩散和聚集有赖交通设施的支持；第四，在城市空间优化的同时，随着区域协调机制的更加有效，区域空间重塑将全面展开。这些都有赖于区域交通设施的有力支持，并与城市交通之间形成良好衔接，形成从城市到区域的分工合作。

从实践看，"城际"交通被赋予了新的含义，但旧有的定义和新的内涵尚没有清晰的界定，如服务范围、承担的功能等，导致不同发展阶段的城镇密集地区对"城际"交通的处理差异大，速度、功能、承担的交通出行目的都有很大差别。如比较三大城镇密集地区已经形成的京津、沪宁和广珠城际，由于城镇密集地区的空间差异和城镇关系差异，从珠三角的紧密联系到京津的松散联系，由于承担城市中心与外围地区客流、服务范围等方面完全不同，城际轨道交通运营速度逐步递进，服务沿线的功能逐步降低，因此轨道交通对于城市空间、区域城镇空间的塑造能力也完全不同。广珠城际轨道交通可以发挥城市、区域快线的作用，起到塑造珠江西岸城镇发展带和沿线各城镇主要发展轴的串联作用，引导区域和城镇空间一体发展；京津城际轨道交通对城市空间的影响还只是长距离点对点联系，影响单一的枢纽地区，难以起到京津城市主要发展轴和引导区域主要空间发展轴的作用。目前的情况是，一方面，由于区域性交通设施缺乏功能、标准、等级等的明确规定，其对于城市、区域空间的塑造作用仍缺乏深入研究；另一方面，大规模的城际轨道交通设施建设已经开始，必然会对城市空间和区域空间格局产生影响，为此，能否按照规划形成理想的空间组织尚有很大的挑战。

区域职能分布与综合交通系统关系密切。区域交通一体化是区域一体化的基础，高效便捷的区域交通体系是城市区域化的前提。区域性交通系统效率过低，必然导致城镇密集地区空间组织结构松散，系统组织化程度低，城镇分工不够，城镇职能追求全面化发展，反之高效的区域交通系统将促进区域职能的更有序聚集和扩散，城镇分工更加合理。

如目前各城镇密集地区公路运输在综合运输中占有绝对优势，公路客运量与货运量在综合运输中所占比重均在90%以上，缺乏高效率的轨道交通体系，特别是客运交通。这种交通体系决定了城镇间联系需求的组织效率相对较低，城镇区域化受交通制约，对中心城市的依附关系较弱。因此，区域内更多的交通需求产生于各城市内部，区域内外围城市与中心城市之间的交通联系较弱，对城镇密集地区整体职能发育极为不利。

第3章
既有规划与发展趋势

目前涉及城镇密集地区综合交通，并对其发展产生影响的规划主要有各交通行业主管部门编制的全国、省域和区域行业发展规划，以及城乡规划管理部门编制的全国、省和区域城镇体系规划。

3.1 国家综合交通规划

3.1.1 全国性综合交通规划

近年来，国家各交通行业管理部门都编制完成了行业的中长期发展规划，明确了综合交通的发展目标，也明确了综合交通协调的方向与内容。总体讲，此轮综合交通规划有以下特点：首先，由于行业分割管理的机制仍未破除，各行业的规划仍以内部增长为主，协调为辅。总体上公路系统规划自下而上，对全国性通道的定位与功能不够明确；铁路系统自上而下，对地区性，特别是城镇密集地区的铁路功能与定位不明确；机场体系在国内航空客运上缺乏与高铁之间明确的功能划分。其次，本轮综合交通规划偏重于高等级和地方等级交通设施建设，突出了高速网络化，在提高技术等级的基础上，设施密度也大幅度提高。第三，城镇密集地区成为综合交通关注的重点，国家高等级走廊的联系地区是重点发展的城镇密集地区。第四，综合交通设施区域协调方式改变，特别是交通枢纽类设施，从全国范围的功能层级协调转变为城镇密集地区内的协调。第五，随着国家综合交通网络中高速交通设施的建设，综合交通的组织方式开始调整，更加重视枢纽在综合交通组织中的作用。

3.1.1.1 《中长期铁路网规划》

1. 概况

《中长期铁路网规划》规划到2020年，全国铁路营业里程达到10万公里，主要繁忙干线走廊实现客货分线，复线率和电气化率均达到50%，运输能力基本满足国民经济和社会发展需要，主要技术装备达到或接近国际先进水平。规划内容主要有三部分：高速客运专线、西部开发性新线和能源运输通道。其中"四纵四横"客运专线全部从三大城镇密集地区发出或经过。京津冀地区、长江三角洲地区、珠江三角洲地区三个城际客运系统，覆盖区域内主要城镇。

| 既有铁路 | 规划客运铁路 | 规划铁路 | 规划研究铁路 |
| 规划电化铁路 | 规划扩能铁路 | | |

图 3-1　中长期铁路网规划图

2. 规划特点

该规划主要特点如下：

（1）形成横贯东西、纵贯南北，覆盖全国大部分 20 万人口以上城市、大宗资源开发地、主要港口、重要口岸的较为完善的铁路网。该规划连接了东部发达地区和中西部地区，对国家区域协调发展具有重要作用。

（2）主要繁忙干线走廊实现客货分线，增建为四线或多线。客运专线主要联系城镇密集地区，复线铁路连通我国大陆各直辖市和省会城市，特别是城镇密集地区内各主要城市。

（3）形成以北京、上海、广州、武汉、成都、西安为中心，京沪、京广、京哈、陇海、浙赣、青太、沪汉蓉、沪甬厦客运专线为骨架，客货混跑快速线路为辅助的快速客运服务网。主要干线城市间铁路旅行实现 1000 公里内"朝发夕至"，2000

公里内"夕发朝至", 4000 公里内"一日到达"。

（4）形成以上海为中心，集装箱运输通道为骨架，连接其他 17 个集装箱中心站，辐射各集装箱专门办理站的快速集装箱运输服务网，实现集装箱货物运输的便捷、及时、安全。

3.1.1.2 《国家高速公路网规划》

1. 概况

《国家高速公路网规划》采用放射线与纵横格网相结合的布局形式，形成由城镇密集地区和各地区中心城市向外放射，以及横贯东西、纵贯南北的大通道。其中通过或连接三大城镇密集地区的通道有 7 条首都放射线，均以北京为始点，辐射全国东西南北各个方向，9 条南北线中有 5 条（沈阳—海口、长春—深圳、济南—广州、大庆广州、二连浩特—广州），18 条东西线中有 10 条（青岛—银川、青岛—兰州、南京—洛阳、上海—西安、上海—成都、上海—重庆、上海—昆明、杭州—瑞丽、上海—昆明、广州—昆明）将多个城镇密集地区相连。国家高速公路网布局方案具体如图 3-2 所示。

图 3-2 国家高速公路网布局方案图

国家高速公路网的布局目标是：连接所有目前城镇人口超过 20 万的中等及以上城市，形成高效运输网络；连接省会城市，形成国家安全保障网络；连接各大经济区，形成省际高速公路网络；连接大中城市，形成城际高速公路网络；连接周边国家，形成国际高速公路通道；连接交通枢纽，形成高速集疏运公路网络。

国家高速公路网不是未来我国所有高速公路的总和。各省（市、区）围绕此规划，均规划了连接国家高速公路网、服务于地方发展需要的地方性高速公路。

国家高速公路网规划方案总体上贯彻了"东部加密、中部成网、西部连通"的布局思路，建成后可以在全国范围内形成"首都连接省会、省会彼此相通、连接主要地市、覆盖重要县市"的高速公路网络。

2. 规划特点

（1）规划方案将连接全国所有的省会级城市、目前城镇人口超过 50 万的大城市，以及城镇人口超过 20 万的中等城市，覆盖全国 10 多亿人口；连接主要的国家一类公路口岸，改善对外联系通道运输条件，更好地服务于国家对外联系需求的发展。

（2）规划方案将实现东部地区平均 30 分钟上高速，中部地区平均 1 小时上高速，西部地区平均 2 小时上高速，从而大大提高全国城镇的交通机动性。

（3）规划方案加强了长三角、珠三角、环渤海等经济发达地区之间的联系，使大区域间保持有 3 条以上高速通道相连，还特别加强了与香港、澳门的衔接。根据城镇密集地区城际之间联系紧密的特点在三大都市圈内部形成较完善的城际高速公路网。

（4）注重综合运输协调发展，规划路线连接全国重要的交通枢纽城市，包括铁路枢纽 50 个、航空枢纽 67 个、公路枢纽 140 多个和水路枢纽 50 个，有利于各种运输方式优势互补、促进联运，形成综合运输大通道和较为完善的集疏运系统。

（5）按照强化长江三角洲、珠江三角洲和环渤海三大区域对外通道、加强相互连接、加强都市圈城际联络的原则，为这三个地区增加了部分线路。长江三角洲、珠江三角洲和环渤海三个重点地区分别增加备选路段里程 0.2 万公里、0.1 万公里和 0.2 万公里。

3.1.1.3 《全国民用航空运输机场 2020 年布局规划》

1. 概况

《全国民用航空运输机场 2020 年布局规划》确定了五个层次的机场布局体系。大型复合枢纽机场 6 个（首都机场、浦东机场、白云机场、乌鲁木齐机场、成都机场和昆明机场）；大型枢纽机场 19 个，分别为北京第二、沈阳、大连、哈尔滨、上海虹桥、杭州、南京、厦门、青岛、福州、济南、无锡、深圳、武汉、长沙、海口、重庆、贵阳、西安机场；中型枢纽机场 20 个，分别为天津、太原、呼和浩特、石家庄、长春、南昌、合肥、宁波、温州、晋江、郑州、桂林、南宁、三亚、拉萨、西双版纳、兰州、银川、西宁、库尔勒机场；中型机场 35 个和小型机场 179 个（未含港澳台地区）。

2. 规划特点

（1）规划的首都机场、浦东机场等 6 个大型复合枢纽机场中有 4 个位于京津冀、长三角、珠三角和成渝城镇密集地区内，占总数的 70%。大都市地区仍是未来航空重点发展区域。

（2）大型复合型枢纽机场和大型枢纽机场在未来航空运输中将发挥更大作用，辐射、带动作用更强。

（3）规划到 2020 年，机场数量达到 260 个，比 2005 年增加 118 个，机场数量越来越多，机场密度加大，同时机场服务范围缩小，航空服务水平将提高。

（4）构筑规模适当、结构合理、功能完善的北方（华北、东北）、华东、中南、西南、西北五大区域机场群，北方（华北、东北）机场群以北京为主的、华东机场群以上海为主、中南机场群以广州为主，西南机场群以成都、重庆和昆明为主，西北机场群以西安、乌鲁木齐为主。

3.1.1.4 《全国沿海港口布局规划》

1. 概况

《全国沿海港口布局规划》是沿海港口的空间规划，也是国家层面对港口功能进行分工的规划，主要是根据沿海各区域港口的条件、区域经济发展和产业布局的状况与需要，并根据相关行业的发展规划，研究和确定沿海港口的合理分布，引导港口协调发展。该规划将全国沿海港口划分为环渤海、长江三角洲、东南沿海、珠江三角洲和西南沿海 5 个港口群，强化群内综合性、大型港口的作用，形成煤炭、石油、铁矿石、集装箱、粮食、商品汽车、陆岛滚装和旅客运输等 8 个运输系统的布局。

2. 特点

全国沿海港口布局形成环渤海、长江三角洲、东南沿海、珠江三角洲、西南沿海 5 个规模化、集约化、现代化的港口群体。港口群内起重要作用的综合性、大型港口的主体地位更加突出，增强为腹地经济服务的能力。港口群内部和港口群之间港口分工合理、优势互补、相互协作、竞争有序。

在主要货类的运输上，将形成系统配套、能力充分、物流成本低的 8 大运输系统：

——由北方沿海的秦皇岛港、唐山港（含曹妃甸港区）、天津港、黄骅港、青岛港、日照港、连云港港等7大装船港，华东、华南等沿海地区电力企业的专用卸船码头和公用卸船设施组成的煤炭运输系统。

——依托石化企业布点，形成专业化的、以20万～30万吨级为主导的石油卸船码头和中小型油气中转码头相匹配的油气运输系统。

——临近钢铁企业布点，形成专业化的、以20万～30万吨级为主导的铁矿石卸船泊位和工程接卸、中转设施匹配的铁矿石运输系统。

——以大连、天津、青岛、上海、宁波、苏州、厦门、深圳、广州等9大干线港为主，相应发展沿海支线和喂给港的集装箱运输系统。

——与国家粮食流通、储备、物流通道配套，形成专业化运营、集约化的粮食运输系统。

——依托汽车产业布局和内外贸汽车进出口口岸，形成专业化、便捷的商品汽车运输及物流系统。

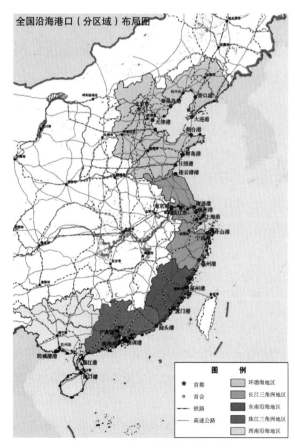

图3-3　全国沿海港口布局规划

——在满足岛屿出行要求的前提下，适应沿海岛屿社会经济发展要求的陆岛滚装运输系统。

——以人为本、安全、舒适、便捷的旅客运输系统。

在全国沿海港口布局规划指导下，沿海港口将逐步形成布局合理、层次分明、职能明确、资源节约、安全环保、便捷高效、衔接协调、市场有序的水路客、货运输系统。辐射、服务面覆盖全国范围，明显提升我国沿海港口的综合竞争力，适应国家经济、社会、贸易、国防等发展的需要。

3.1.2　区域性交通规划

近年来，城镇密集地区的区域性综合交通系统规划编制进入高潮。以往各地均已编制了范围各异的综合交通行业规划，但城镇密集地区层面的规划以行业扩张为主导，在解决城镇密集地区深层次交通问题上乏善可陈。城镇密集地区是目前综合交通规划面临问题最多的地区，与空间组织严重脱节。总体讲目前编制的交通规划存在以下特征：首先，各行业规划的编制理念与方法仍然将国家超大尺度规划的方法延伸下来，把城市作为规划节点。在城镇密集地区尺度下，将城市作为节点，设置枢纽（城市）、组织交通的模式与城镇密集地区的空间组织、经济组织和区域职能组织模式均不符合；其次，区域性综合交通规划缺乏功能与组织的相关标准。主要交通方式如铁路（轨道）和公路均缺乏区域层面的组织标准，导致不同行业、不同角度编制的规划差异较大；第三，行业分割使区域性交通规划对城镇发展的考虑严重不足，总体上是按照核心"城市"交通圈的模式，按照以往对外交通组织进行规划，对区域交通承担的交通需求特征转型考虑较少，对城镇扩张和全域城镇化下城市交通扩展和城镇空间发展的考虑较少；第四，区域交通规划和运营之间缺乏必要的衔接。目前城镇密集地区内部的行政区经济难以打破，跨界区域交通设施的运营不可避免地承担城市特征的交通，但交通系统管理和运营的服务水平远未达到交通组织的要求。

3.1.2.1　《环渤海京津冀地区、长江三角洲地区、珠江三角洲地区城际轨道交通网规划》

1. 概况

2005 年 3 月，国务院审议并原则通过《环渤海京津冀地区、长江三角洲地区、珠江三角洲地区城际轨道交通网规划》。具体规划情况如下：

环渤海京津冀地区将建设以北京为中心，以京津为主轴，以石家庄、秦皇岛为两翼的城际轨道交通网络，覆盖京津冀地区的主要城市，基本形成以北京、天津为中心的"两小时交通圈"。

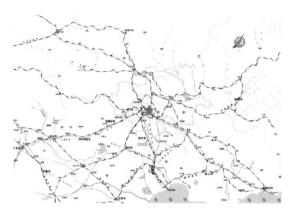

图 3-4　环渤海京津地区城际轨道交通网示意图

　　长江三角洲地区将以上海为中心，沪宁、沪杭（甬）为两翼的城际轨道交通主构架，覆盖区内主要城市，基本形成以上海、南京、杭州为中心的"1～2小时交通圈"。

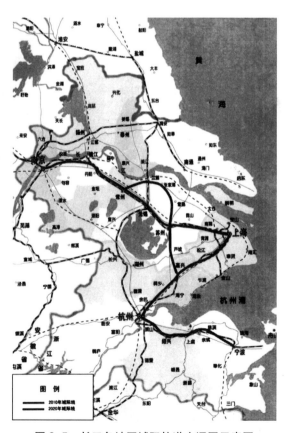

图 3-5　长三角地区城际轨道交通网示意图

　　珠江三角洲地区建设以广州、深圳为中心，以广深、广珠城际轨道交通为主轴，覆盖区内主要城市，衔接港澳地区的城际轨道交通网络。

　　2.特点

　　（1）位于我国最发达城镇密集地区的三个城际交通网，其布局沿区域城镇主要发展轴，并且把区域内主要城市连接起来。

　　（2）建立以城际轨道交通为主导的区际旅客综合运输体系，对于促进区域客运交通组织模式转变具有重要意义。

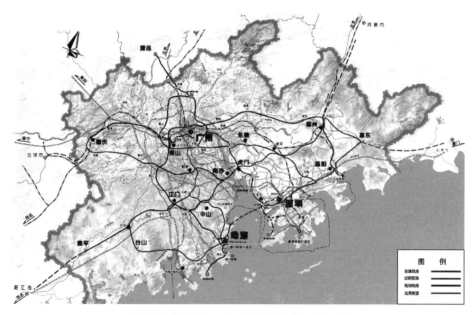

图 3-6　珠三角地区城际轨道交通网示意图

　　（3）不同于传统铁路运输客货混运，三个区域的城际轨道交通只承担客运，实现"小编组、高密度、公交化"，列车运行设计速度为每小时 200 公里或以上。

　　（4）基本形成以区域内核心城市为中心的 1～2 小时交通圈，大大缩短沿线城市之间的空间距离。

　　（5）延续了国家尺度规划中"城市节点"规划布局模式，缺乏不同城镇密集地区区域交通组织的标准。

3.1.2.2　《长江三角洲地区现代化公路水路交通规划》

　　1.概况

　　《长江三角洲现代化公路水路交通体系规划》是通过跨地区的资源整合，完善沿海港口、公路、内河航道、综合运输枢纽布局，建立智能化、信息化的交通支持系统。

2. 主要规划内容

（1）沿海港口

以国际航运市场为导向，整合资源，协调布局，围绕集装箱、铁矿石、原油、煤炭等重点物资运输，形成专业化程度高、大规模、集约化、多职能的港区和完善的集疏运体系。

——按照主要港口、地区性重要港口和一般港口的层次划分港口功能层次布局。

——以建设上海国际航运中心为目标，重点发展上海为中心、浙江宁波和江苏苏州为两翼的集装箱干线港，连云港、南通、南京、镇江、温州为支线港，其他港口提供喂给运输的集装箱运输体系。

——利用宁波、舟山 20 万吨级以上大型专业化泊位，形成外贸进口铁矿石一程中转基地，长江口内上海、苏州、南通港为接卸大型减载直达船和二程船的转运港，镇江、南京等港口为接卸二程船为主的转运港，形成外贸进口铁矿石海进江中转运输体系。利用长江口 12.5 米的航道条件，南京以下沿江港口大型深水专业化码头，以及与港口相衔接的内河航道、公路和铁路等组成的集疏运系统，形成长江三角洲及长江中上游地区外贸物资的江海转运体系。

——海运煤炭采用 5 万吨以上船舶直达沿海、沿江电厂等工业企业和公用码头。宁波、舟山、上海及长江下游镇江、南京等公用码头为长江三角洲及沿海等地区转运煤炭。

——外贸进口原油通过宁波港和舟山港的大型原油码头接卸，以管道运输为主、水水中转为辅供应沿海、沿江炼厂。宁波北仑、大榭、舟山岙山、册子等大型原油接卸码头除满足华东原油转运外，还为国家战略石油储备服务。南京港继续承担向长江中上游炼厂水水中转和水管（道）中转任务。

——外贸进口成品油主要以上海港、舟山港和宁波港接卸为主，长江干线南京以下主要港口作为补充。连云港、温州港主要为本地区及苏北、浙南其他地区服务。促进内河成品油集疏运建设，发展成品油管道运输，完善一级油库向各分销终端的公路运输。

——继续完善沿海、沿江港口的外贸进口 LPG（液化石油气）运输系统，LPG一程接卸港主要为温州港、宁波港、嘉兴港、苏州港。结合外贸进口 LNG（液化天然气）及 LNG 电厂选址条件，适时配套建设进口 LNG 接收站。

（2）公路

2020 年，对外形成辐射华北、西北、长江沿线、西南、华南五大通道；内部形成连云港—徐州、上海—南京、宁波—杭州、温州—金华四条横向通道，连云港—上海—宁波—温州、新沂—淮阴—苏州—绍兴—温州、徐州—南京—杭州—金华三条纵向通道及上海—徐州、上海—杭州两条放射通道。

国家高速公路是我国公路网中层次最高的公路主通道，主要承担区域间、省际间以及大城市间的中长距离运输，是区域内外联系的主动脉。地方高速公路由国家高速公路的辅助线和其他高速公路组成。其中，国家高速公路辅助线，具有承担省际及大中城市间中长距离运输的职能，是国家高速公路交通分流的主要线路，对提高区域内重要城市节点间高速公路通道的可靠性和区域间顺直沟通起到重要的作用。

长江三角洲高速公路网作为区域路网的骨架网，将基本连接 10 万人口以上城镇、主要港口及机场，城市间以高速公路顺直连接，中心城市间形成多线路、稳定可靠的高速公路通道。上海与长江三角洲以外周边地区可以实现"5 小时沟通"，形成以上海为中心、覆盖长江三角洲的"半日交通圈"，所有地区"30 分钟上高速"；都市圈内中心城市"3 小时互通"，所有地区"20 分钟上高速"。

（3）内河航道

形成"两纵六横"、由 23 条航道组成的高等级航道网。其中，"两纵"：京杭运河—杭甬运河（含锡澄运河、丹金溧漕河、锡溧漕河、乍嘉苏线）、连申线（含杨林塘）；"六横"：长江干线、淮河出海航道—盐河、通扬线、芜申线—苏申外港线（含苏申内港线）、长湖申线—黄浦江—大浦线及赵家沟—大芦线（含湖嘉申线）、钱塘江—杭申线（含杭平申线）。

高等级航道网中集装箱运输通道为：长江干线、京杭运河、杭申线、大浦线、大芦线、赵家沟、锡溧漕河、杨林塘、苏申内港线、苏申外港线、湖嘉申线和杭甬运河等共 12 条航道。

（4）综合运输枢纽

按照辐射范围大小，长江三角洲综合运输枢纽分为国家级综合运输枢纽、区域性综合运输枢纽、一般枢纽三个层次。

——国家级综合运输枢纽

长江三角洲规划上海、南京、杭州、宁波、温州、徐州、连云港共七个国家级综合运输枢纽。其中上海、南京、宁波、温州、连云港为沿海综合运输枢纽，辐射国内、沟通国际，是内外贸货物运输和国际、省际人员流动的集散中枢，是提高长江三角洲国际竞争能力、参与经济全球化的重要基础设施，在长江中上游省区对外开放中发挥重要的支撑和带动作用。杭州、徐州为内陆综合运输枢纽，位于公路主骨架、内河主通道、铁路主干线的交汇处，是内陆地区的客货集散中心。

——区域性综合运输枢纽

规划苏州、无锡、镇江、南通、扬州、淮安、台州、金华、嘉兴、湖州、舟山、绍兴为区域性综合运输枢纽。

3. 特点

（1）沿海港口发展基本考虑了各港口和其经济腹地特征，统筹考虑港口布局规划，并且与《全国沿海港口布局规划》中长三角港口群一致；公路网规划覆盖了区域内所有 10 万人的城镇、主要港口和机场，基本形成了区域内高速公路"半日交通圈"。

（2）规划的国家级枢纽和区域性枢纽是以枢纽城市为基本单元，主要集中在沿海一带，辐射国内、沟通国际，是内外贸货物运输和国际、国内人员集散的重要枢纽，同时也考虑了内陆地区布局相应枢纽。

（3）但港口规划对产业转型后主要港口的发展模式调整，以及集疏运组织转变与城市交通组织的关系考虑很少，公路系统规划则缺乏对区域交通组织在城镇化下转型，以及区域组织和全国性组织的标准界定。

3.1.2.3 《珠江三角洲城镇群协调发展规划》

1. 概况

《珠江三角洲城镇群协调发展规划》确定的区域交通发展目标为：

依据珠江三角洲城镇密集地区协调发展目标和总体战略，配合城镇密集地区产业和空间布局，构筑与世界制造业基地、世界级城镇群相适应的高效率、低能耗、多层次、一体化的区域综合交通运输体系，促进珠江三角洲城镇密集地区的协调发展和高效运作，同时为加强对外联系和拓展经济腹地提供保障。

《珠江三角洲城镇群协调发展规划》中主要交通设施规划包括：

（1）航空方面：强化广州新白云国际机场作为枢纽机场的核心辐射作用。

（2）港口方面：重点发展广州南沙、深圳盐田、深圳西部港区、珠海高栏等深水港区。

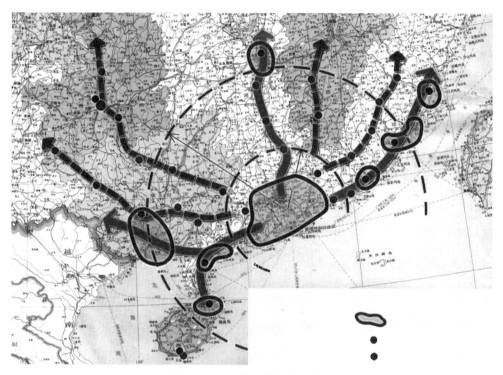

图 3-7　珠三角对外交通示意图

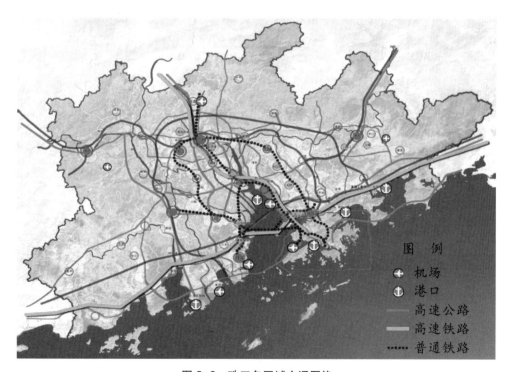

图 3-8　珠三角区域交通网络

（3）水运方面：发挥广州、深圳、珠海三个国家级主枢纽港的主导作用；利用珠江三角洲河网密布的特点，发展以西江为主，北江、东江为辅的内河航运网络，加强港口的陆路疏运网络的建设，改善港口与腹地之间的交通联系。

（4）交通枢纽：形成深圳（前海、机场）、广州（南沙、市中心、机场）、虎门（以及附近）、珠海金鼎区域性的交通枢纽（配合区域性服务中心）。

2. 特点

（1）强化区域内门户枢纽机场、沿海重要港口的作用，加强了区域对外的铁路、公路运输通道。

（2）通过跨越珠江口的联系通道，加强东岸南部（港、深）交通地位，改变目前的交通网络格局，形成以中心服务轴为中心的、以广州和港深两个服务中心为基础的辐射两岸的交通网络，加强区域内东西岸的交通联系。

（3）强调内河航运在未来交通发展中的地位和作用。

（4）规划将交通与区域城镇发展结合，提出了区域交通的概念，但缺乏必要的实施手段。

除三大城镇密集地区外，国内其他众多的城镇密集地区也多数编制了城际轨道、城镇空间、公路等规划，如成渝、海西、北部湾、辽东南、山东半岛、中原城镇群、长株潭、武汉都市圈等等。

3.2 国家、区域、城市交通发展进入全新时期的特征

经过30年的改革开放，我国城市和交通发展都进入了一个全新时期，城镇密集地区的城市和区域交通内涵、职能、影响范围和发展策略都在进行调整。随着国内区域交通基础设施建设进入一个全新的发展时期，无论是设施的规模，还是等级都将大幅提升，将对城镇密集地区城镇空间、产业升级和城镇关系优化产生巨大影响。在国家层面，高速铁路建设快速推进，主要走廊上客货分离，机场密度增加，高速公路密度增加并成网。在区域层面，区域高速、快速交通方式纳入区域综合交通系统，国家高速铁路、区域（城际）快速轨道交通、区域和城市高速道路成为未来交通发展的重点，区域时空进一步收敛；乡村道路、地区等级道路的普及，使更大比例的人口都能享受到交通系统改善带来的实惠；同时，区域内城市交通系统也在发生巨变，城市交通服务随城镇的扩张而向区域延伸，城市快速轨道交通、快速道路系统的建设进入高潮，城市扩张有了相应的交通支持。因此，随着国家、区域、

城市交通发展进入全新时期，交通也呈现出新的特征。

（1）城市交通与区域交通，不再是相对独立的内容。在交通一体化发展的要求下，区域交通设施与城市交通将融为一体，两者衔接的节点将成为新型的综合交通枢纽，成为城市空间和城镇关系塑造的驱动力。

（2）交通的地位提高。交通不仅仅是支持社会经济发展的配套设施，更是带动城市空间拓展，引导产业、经济发展的重要手段。同时，交通政策作为政府公共政策的重要内容，对促进欠发达地区的开发，体现交通的公平性（对弱势人群的关爱），发挥着越来越重要的作用。

（3）区域和城市交通方式不断创新，交通设施的层次等级不断增加、服务分工细化。区域交通和城市交通应为满足不同阶层、不同目的、不同特征的交通需求，提供多样化的选择。

（4）随着区域交通需求增长和交通系统低碳、可持续的要求提高，交通系统发展从资源宽松向资源紧约束转变，必须采取节约和集约发展策略。资源制约下，国家转变经济增长方式和新型城镇化发展，也要求交通向节约、集约型转变，并把交通发展方式转变作为建设节约型城市的重点和空间优化的抓手。同时，城市交通和区域交通发展必须在能源、环境、人口和土地的硬约束下实现可持续发展，资源约束下的可持续发展规划理念成为目前我国城市和区域发展必须遵循的原则。

（5）投资的重点由公路建设转向铁路、城市轨道交通等大运量、低能耗设施。铁路的新一轮大规模建设已经展开。规划到 2020 年，全国铁路营业里程将达到10 万公里。主要繁忙干线实现客货分线，复线率和电气化率均到达 50%。城镇密集地区内，城际轨道建设将提速，密集地区客运交通组织将逐步从公路转向轨道交通。

（6）机动化进入新的发展时期。机动交通需求迅速增长，对交通设施的要求急剧增加，原来需求导向的交通设施建设政策和发展政策难以为继，交通拥堵成为城市交通的常态，并且随着区域交通城市化的趋势，拥堵逐步从城市向区域蔓延；不仅需要设施建设转变思路，更要求管理理念的改变。各种特征的交通流所占用的交通设施空间大幅度增长，相互之间的矛盾越来越大，交通方式在多样化发展的同时，以相互之间的竞争为重点的交通需求管理将成为重点；要求交通出行在数量和距离上的增长管理与城市、区域的空间优化目标一致。

（7）是建立交通与土地利用可持续发展模式的最佳时机。在快速城镇化的关键时期，城市与区域都处于空间和职能的快速调整和发展中，而城市交通和区域交通也处于快速的发展和形成之中，通过交通发展引导城镇空间结构调整，协调交通与土地利用不但非常必要，而且完全可行。对于城镇密集地区的中心城市而言，其交通发展上的这种引导和促进责任更大，还必须担负起引导和促进其服务的区域内空间发展和城镇分工发展的重任。

3.3 城镇密集地区综合交通发展趋势

3.3.1 城市交通快速化、区域交通高速化

城镇密集地区高速交通系统发展对城镇关系影响显著，促进了区域产业组织、城镇职能的整合。高速化的交通网络一方面使大城市的高端服务极化作用进一步增强，中心城市的服务职能向周边城市辐射的范围扩大，区域高端服务职能加速向中心城市集中；另一方面，区域产业分工越来越细致和高效，产业组织的成本降低，产业组织的范围越来越大，区域整体竞争力提升。而城市交通的快速化支持城市部分职能向外围扩散，促进了城市的扩张。

在区域空间的发展上，大城市极化和城市扩散两种模式并存的现象将会一直持续下去，随着目前区域交通高速化和城市交通快速化的发展，这两种空间发展模式还会加速。区域内各都市区发展中，区域高端职能将加速向各大都市区的中心集中，各中心城市的服务产业日益壮大，区域作用和地位日益显著。区域城镇职能的发展趋势也要求区域交通高速化和城市交通快速化。

区域内主要城市为了适应空间扩展需求，机动交通快速增长，高快速道路、快速轨道交通大规模建设，在交通工具和交通设施的发展上进入了快速时代。中心城市与外围发展组团、周围城镇，核心城市与大都市区内的其他地区之间将实现快速交通联系，城市出行范围由于交通快速化而不断扩展，带动了城市外围地区的开发和城市空间的拓展，以及城市人口、就业向外围发展地区的疏散。城镇职能服务范围也随着交通覆盖范围的扩展而扩展，这将导致不同城市职能对应的居住、就业选址范围随着交通区域可达性的变化而扩展，跨城市居住、就业将不再是问题，城市职能随着交通网络的发展在一定交通圈内进行整合，服务职能更加聚集，而生产组织分布更广。同时，又对交通系统的高快速发展提出更高要求。例如，上海市作为上海都市区的中心，随着目前区域交通网络的构建和都市区内部交通网络的建设，越来越多的高端服务职能向上海市中心城区集聚，上海市中心城区的服务范围随着交通网络的发展覆盖上海都市区的各个组团和发展地区，上海与周围城镇的关系也

随之发生改变，不再是一个个独立的城市，而成为围绕上海中心区紧密联系在一起的大都市区的组成部分，行政分隔被密切的经济、社会、服务、物流联系所代替。

而国家层面主导的高速铁路、城际快速轨道交通、高速公路等发展加快，特别是高速铁路和城际快速轨道交通的发展，直接拉近了区域内城镇的时空距离。

目前长三角已经建成了联系区域内所有重点城镇的高速公路网络，正在建设联系区域主要城市地区的城际轨道系统，以长三角为核心的国家高速铁路网络、普通铁路提速工程也正在开展。这些工程的实施将大大拉近区域内城镇之间的距离，多数中心城市能够在一小时通达区域内主要城市，区域的经济活动组织得以在更大的范围内实现，区域联系和协调将随着高速区域交通时代的到来而进入新的发展时期。

3.3.2　区域客运交通由高速公路向以轨道交通为主的区域公共交通转变

随着区域城市化发展，城市公共交通的发展理念和组织空间也在随着城市化空间的延伸而延伸。区域客运交通在城市不同的空间发展阶段被赋予不同的内涵，随着城市空间的演变和拓展，城市公共交通概念也随城市空间的扩张而扩展到更大的区域。对应于城市发展的三个阶段，区域客运交通的内涵分别表现为：

城市孤立内聚发展阶段——中心区公共交通＋郊区长途客运

城市孤立外延发展阶段——中心城区公共交通、中心城＋郊区、卫星城公共交通＋跨行政界线长途客运

区域性都市区发展阶段——市域范围公共交通、区域内部公共交通与准公共交通＋跨区域长途客运

资源与环境承载能力限制下的交通联系效率是区域联系交通方式选择面临的主要约束。随着我国城镇密集地区交通的快速发展，区域交通城市化的趋势凸显出来，资源和环境的压力将进一步加大。若优先发展非集约交通方式，区域内高速公路运行效率将大幅度下降。为了实现城镇密集地区交通的可持续发展，需要将城市交通组织中的"公交优先"理念延伸到区域交通组织中，区域交通需要鼓励集约和节约型的交通方式，主要是以公共交通或准公共交通模式运营的区域快速轨道交通和以高速道路为载体的公交系统，保障区域公交与准公交路权、竞争力，使区域客运交通向以区域快速轨道交通为主的公共交通和准公共交通方式转变，以降低交通拥堵与减少排放，改变当前区域联系中以高速公路为主体，小汽车承担主要客运交通的局面。

此外，区域客运交通结构转型要求轨道交通网络的快速发展。目前长三角、珠三角等地区城镇间的经济依存度已达到相当高的水平，区域空间的城市化发展也进入加速阶段。随着城市化的加快和城镇密集地区的逐渐成熟，对运输服务质量的要求也随之提高，也要求区域交通服务增加快速、安全、便捷交通工具的比重。

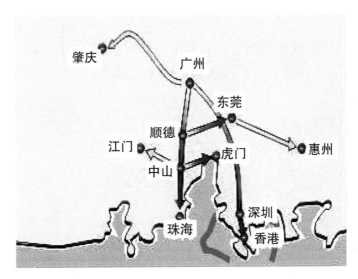

图 3-9　2005 年珠三角城际轨道交通网规划示意图

三大城镇密集地区已建和建设中的城际与高速铁路网　　　　表 3-1

线路	起点站 / 终点站	建设时间	设计时速（公里/小时）	备注
珠三角城际铁路	广州 / 珠海、深圳	2005.12.18～2009	200	总长约595公里
长三角城际铁路	上海 / 南京、杭州	2010	350	沪宁、沪杭两翼
京津城际铁路	北京 / 天津	2005.07.04～2007	200～300	
京沪高速铁路	北京 / 上海	已开通	250～300	自主研发，轮轨技术
武广高速铁路	武汉 / 广州	已开通	350	全长995公里
杭甬深客运专线	杭州 / 宁波 / 深圳	已开通	300	总长约1600公里
京广客运专线	北京 / 广州	已开通	350	总长约2230公里

3.3.3　客货运向城镇密集地区聚集的趋势加强，铁路和水运在货运中将发挥更大作用

根据《中长期铁路网规划》《国家高速公路网规划》和《全国沿海港口布局规划》等规划预测，城镇密集地区是国家交通运输需求的重心，到 2020 年，长三角城镇密集地区客运量和客运周转量将分别达到 42.85 亿人和 4368 亿人公里，货运量和货运周转量将分别达到 36.17 亿吨和 27587 亿吨公里；珠三角城镇密集地区客运量和客运周转量将分别达到 16.5 亿人和 1219 亿人公里，货运量和货运周转量将分别达到 31.5 亿吨和 5600 亿吨公里；京津冀城镇密集地区客运量和客运周转量将分别达到 31.94 亿人和 2740 亿人公里，货运量和货运周转量将分别达到 18.184 亿吨和 6950 亿吨公里。

由此，国家交通运输网络强化了对珠三角、长三角、京津冀三大城镇密集地区的交通支持，按照国家对外门户进行规划和建设。三大城镇密集地区成为我国对外交往门户战略实施的重要地区，依托三大密集地区形成了三大港口群，布局了国家对外联系的主要枢纽机场，并且是国内高速铁路、铁路集装箱组织的中心，三大门户地区已成为多种交通方式聚集的综合运输网络的核心。

城镇密集地区高密度的交通运输需求促进了高密度机场、铁路和高速公路网络建设，既是国家网络的中心，也是地区性网络的建设重点，综合运输网络向门户地区的集中，使门户地区的综合运输服务水平迅速提高，交通运输需求进一步向门户地区集中。如目前全国规划的 8 条客运专线中，从长三角、珠三角、京津冀三大城镇密集地区发出或经过的共 7 条、占全国规划客运专线的 87.5%。高速公路网规划的 7 条放射线全部从京津冀城镇密集地区发出，其中 3 条经过长三角和珠三角城镇密集地区；9 条纵线中有 7 条经过三大城镇密集地区，占纵线的 77.7%；18 条横线有 11 条经过三大区，占横线总数的 61.1%；经过三大城镇密集地区的总数占全国总数的 73.5%。规划实施后，我国城镇密集地区，尤其是三大城镇密集地区对外联系交通网络更加密集、更加完善。交通运输网络完善，进一步扩大了城镇密集地区的腹地，如航空客运发展中，2010 年北京、上海、广州三大航空枢纽的客运占全国总航空客运的 33.1%，而三大门户地区的航空客运占总航空客运的 50.6%。航空货运更是如此，北京、上海和广州三大城市机场货邮吞吐量占全部机场货邮吞吐量的 56.7%，三大门户地区的航空货运占全国总航空货运的比例由 2005 年的 71.8%，提高到 2010 年的 75.9%。

城镇密集地区综合交通运输网络建设也根据交通需求的变化和可持续发展的

要求，按照各种运输方式的技术经济特征，强化了提升交通运输效率、控制物流成本和降低排放的发展策略，充分发挥不同交通运输方式各自的优势。随着城镇密集地区经济组织腹地的扩大，如港口的腹地拓展到内陆地区，综合交通体系中长距离运输需要改变目前一味侧重高速公路发展的态势，充分发挥水运和铁路运输适合大宗物资长距离运输的优势，提升铁路、水运在综合运输中的地位。如"十一五"期间，浙江省综合交通网络建设的重点一是辐射全省的环形铁路网——加快建成温福、甬台温、湖嘉乍、衢常等铁路，适时建设九景衢、金台铁路和杭长（沙）客运专线等；二是长三角一体化的城际轨道网——积极推进沪杭、杭甬、杭宁等城际快速轨道交通。

3.3.4 沿海港口群在全国货运网络中作用越来越强

按照《全国沿海港口布局规划》，国家在沿海规划了 5 大港口群，8 个运输系统，港口定位更加明确、功能更加完善，泊位迅速向大型化和专业化方向发展。环渤海、长三角、海峡两岸、珠三角、北部湾港口群在全国货运网络中起重要作用。2010 年，沿海港口完成货物吞吐量 54.2 亿吨，占全国港口吞吐量的 60.7%，是 2005 年的 1.8 倍，沿海港口货物和集装箱吞吐量连续多年保持世界第一，22 个港口进入亿吨大港行列，世界排位前 20 位的亿吨大港和集装箱大港，中国大陆分别占 12 个和 9 个。沿海港口五年建成深水泊位 661 个，总量达到 1774 个，新增能力 30 亿吨，总能力达到 55.1 亿吨，基本建成煤、油、矿、箱、粮五大专业化运输系统，港口在沿海门户战略中的地位进一步夯实。

可以预见，未来沿海港口将在调整中进一步提升与增长。一方面，目前在城镇密集地区主要都市发展地区的港口，随着产业结构调整与城市建设的扩展，面临新的港城关系的调整；另一方面，国家交通系统的完善将进一步增强沿海港口在全国对外联系中的作用。

全国沿海港口分区域、分主要货种吞吐量表　　　　　　　　　　　　表 3-2

年份	港口吞吐量合计（亿吨）	其中：外贸货物吞吐量（亿吨）	主要货种吞吐量			
			1. 煤炭（亿吨）	2. 原油（亿吨）	3. 铁矿石（亿吨）	4. 集装箱（万标准箱）
沿海港口合计						
2000年	14.2	5.5	3.6	0.7	0.7	2130
2005年	33.8	13.2	7.2	1.2	2.8	7195

续表

年份	港口吞吐量合计（亿吨）	其中：外贸货物吞吐量（亿吨）	主要货种吞吐量			
			1. 煤炭（亿吨）	2. 原油（亿吨）	3. 铁矿石（亿吨）	4. 集装箱（万标准箱）
2010年	65.1	24.3				14500
环渤海						
2000年	4.9	2.3	1.8	0.2	0.2	532
2005年	11.5	5.2	3.6	0.4	1.6	1610
2010年	24.2	9.9				
长江三角洲						
2000年	5.8	1.9	1.2	0.2	0.4	744
2005年	13.9	4.6	2.4	0.5	0.9	2670
2010年	25	8.4				
东南沿海						
2000年	0.7	0.3	0.1	0.03	0	167
2005年	1.9	0.7	0.2	0.03	0.02	492
2010年	3.3	1.3				
珠江三角洲						
2000年	2.3	0.9	0.4	0.15	145	671
2005年	5.3	2.1	0.9	0.14	181	2360
2010年	9.1	3.4				
西南沿海						
2000年	0.5	0.2	0.04	0.03	0.06	13
2005年	1.1	0.6	0.08	0.07	0.18	62
2010年	3.5	1.4				

3.3.5　航空运输发展潜力巨大，航空服务半径逐步缩小

改革开放以来，我国航空运输快速发展。据统计，2010 年，全国机场共完成飞机起降 553.2 万架次、旅客吞吐量 5.64 亿人次、货邮吞吐量 1129.0 万吨，比 5 年前的 2006 年增长 205 万架次、2.32 亿人次和 376 万吨，人均航空出行次数平均增长了近 70%，而城镇密集地区增长 1 倍多。随着改革开放进一步深化，国民经济

持续高速增长，航空运输市场需求旺盛。2008 年北京奥运会、2010 年上海世博会，以及广州亚运会等大型国际活动和会议日益增多，都为我国航空运输发展创造了前所未有的机遇。另外，新的民航管理体制基本建立，大部分机场具备了一定的物质基础和发展条件，民用机场的发展空间更为广阔。按照我国 GDP 增长速度与民航增长速度的关系分析，2020 年以前民航的平均增长速度在 12% 左右。根据预测，到 2020 年，旅客吞吐量、货物吞吐量将分别达到 14 亿人次、3000 万吨。

城镇密集地区是我国航空运输发展最快的地区，也是机场业务量集中度最高的地区，北京、上海、广州三城市 4 个机场 2010 年的业务量占全国的 33.1%。2010 年长三角、珠三角、京津冀三大城镇密集地区旅客吞吐量达到 2.5 亿人次左右，货邮吞吐量达到大约 450 万吨，分别占全国的 87.9% 和 71.6%。根据相关预测，到 2020 年，长三角、珠三角、京津冀三大城镇密集地区的四大机场旅客吞吐量将达到 6.4 亿人次，占全国的 45.9%。

航空运输需求的高速增长，使我国机场的业务处理量在世界机场中的排名大幅度提升，如首都机场在国际民航机场排名中从 2005 年第 15 位，上升到 2010 年第 2 位。快速增长的航空需求，对机场服务的要求相应提高，催生了机场建设的热潮，缩短了机场对城市服务的距离，提高了航空陆侧的服务水平。城镇密集地区航空运输需求集中的中心城市开始规划和建设多个机场，开启了城市多机场运营模式。按照《中国民航运输机场发展规划》，到 2020 年，全国民航机场将达到 260 个，比 2010 年增加近百个，运输能力将大幅提高，机场密度大大增加，达到 0.27 个 / 万平方公里，机场的服务半径越来越小。

第4章
城镇密集地区空间与交通影响机理分析

4.1 城镇密集地区空间发展演变

4.1.1 区位的再认识

4.1.1.1 地理空间结构的矛盾统一性[①]

事物的空间地理分布即区位，表现为两个方面特征：一是地区差异，二是地区关联。不同地区特点的对比是地区差异；任何两个地区之间各种联系的总和是地区关联。地区差异和地区关联是同时存在的。事物地理上的存在表现为由于它们的活动而相互关联在一起的地区，这种关联在一起的不同地区称为地理空间结构。

一个地区的区位实质是它与外区关联的总和。要认识一个地区的地理位置就必须把它放在地理结构中去观察它所输出和输入的各类要素。要素的地区转移与传导地区关联的实质，要素通过输入一个地区并参与该地区社会经济活动来实现这种关联。如果要素仅是过境之物，则该要素流动对该区的地理位置只具有潜在意义，即该区有可能强制过境的要素停留下来参加该区的社会经济活动。

因此，地理位置决定于流动要素（可移动的要素），通过流动要素在该区的停留并参与该区的社会经济活动而实现。而流动要素又决定于地区间的差异。所以一个地区的区位特征是该区所在地理结构的地理差异和地理关联的总和。

4.1.1.2 区位关联机制

区位的关联机制是：区位差异决定它们之间的关联，关联反过来改变区位差异，从而造成新的关联。也就是说，在每个地理结构中，每个事物都和它的对外关联互相影响，每个事物都通过它的对外关联表现出它所在地理结构中的区位。称为差异和关联的关系。

为此，经济地理区位的实质是对外经济联系。同时，区位只是个别事物的区位，

---

① 1.1.1 和 1.1.2 参见陆卓明．陆卓明先生经济地理学论文集．北京：北京大学出版社，2011．

一个地区并没有统一的区位，因为它内部的众多事物因性质不同、坐落不同而各有自己的对外关联。

4.1.1.3 区位的本质——经济空间场 [1]

区位的本质是对经济空间场所承载的社会经济关系的一种浓缩性表征，并被所有相关的经济行为主体所感知。这样，区位就以一种自我实施的方式制约着经济行为主体的选择，并反过来又被他们在连续变化的环境下的实际决策不断再生产出来。

区位价值主要由区位依托的经济空间的要素禀赋、要素等级（位）和要素的聚集形态决定。一般来说，要素至少可以分为：自然条件和自然资源、人力资源、资本、技术和制度等。要素具有等级，同时其在一定的空间范围内还具有相对级差，不同等级的要素对于城市价值的提升和创造的作用不一样。一般来说，自然条件和自然资源可以被认识是最初级的要素，资本、人力等要素是高级的要素；至于作用更大、影响范围更广的技术和制度等则被认可为更高等级的要素。另外，要素在一定空间上的聚集形态和相对比较级差也是构成区位价值内容。

区位的价值来源构成可分为两部分，即天然的自然资源禀赋和后天的价值投入。随着经济活动的复杂化，土地资本投入在区位内源价值中所占比例越来越大。

通道不作为区位价值的构成部分，而是影响区位价值的重要因素，通过输出对外部的影响，以及输入外部影响而发挥作用。区位内部的经济活动需要从区外获得资源和要素，需要利用区外市场，并经常受到来自外部环境的影响；同时，区位也需要通过对外联系来扩散影响，提高自己的价值。

4.1.1.4 区位、经济功能区和经济区域

区域经济发展从微观上体现为经济行为在自组织机制下的演化。区位选择、经济功能区和经济区域都是经济行为主体空间行为的表象或结果。

空间不可能定理认为：均质的假设与空间竞争不可能共存，从而推导出聚集均衡的存在。现实的经济空间问题也昭示着均质性的空间从来都是不存在的。

由于要素在空间上的非均质分布，造成了不同区位之间的客观差异。正是这种差异导致不同区位对于不同经济行为主体的吸引力是不一样的。经济行为主体根据其自身的约束条件和区位的客观差异，进行合理的区位选择，选择的结果与客观的区位之间相互结合，形成了一定的经济功能区。

---

[1] 1.1.3 和 1.1.4 参见高进田 . 区位的经济学分析 . 上海：上海人民出版社，2007.

由于各种经济活动需要占有或利用一定的地域空间，而地域空间因其附着要素的差异，导致各种经济活动之间的空间竞争，竞争的结果表现为同一空间中不同经济活动的共存或者经济分工细化，形成各种经济功能区，以及各经济功能区的交叉分布。

不同等级的经济功能区存在着等级网络结构，形成经济功能区之间的纵向网络结构；而相对同等级的经济功能区则通过部门分工、地域分工，形成横向联合网络结构。纵向的网络结构与横向联合网络结构彼此并存，相互重叠，构成了经济区域。

4.1.2　城镇密集地区分工空间演化逻辑

城镇密集地区的分工空间演化遵循：第一，一个城市的要素空间与这个城市的产业空间之间存在某种对应关系，即不同的要素会吸引不同的产业，如科技要素会吸引生产性服务业，而劳动力要素会吸引生产制造业。第二，一个城市的产业空间与这个城市的价值空间[①]之间存在某种对应关系，即一个城市的价值空间与其产业之间存在一种互动关系。不同的产业会选择在不同的价值区域，而区域的价值也会因产业的分布而变化（例如区域如果整体产业价值量低，会带来区域价值的降低），影响其他产业的选择和分布。

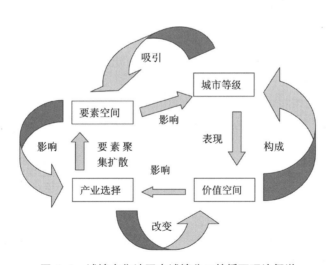

图 4-1　城镇密集地区内城镇分工的循环理论假说

[①]　城市价值空间主要是指城市人均 GDP、城市土地价格等。人均 GDP 高及城市土地平均价格高，那么就称该城市的价值高，反之亦然。

在城镇密集地区内,城市的核心要素[1]影响城市产业结构,即什么样的核心要素,就有什么样的产业结构。城市产业结构是城市间产业分工状态的表现,即这种由核心要素决定的产业结构决定城市间的产业分工模式;城市产业结构改变城市价值空间,即产业结构影响城市在生产中的收益,改变城市的价值空间结构。而这种不同的城市价值形成过程又影响着城市的规模等级。不同规模等级的城市会吸引不同的核心要素,即不同等级规模的城市对不同要素的吸引是不一样的。核心要素的不同进一步决定产业结构,如此循环往复,不断累积就形成了城镇密集地区内城市的分工体系。

其逻辑关系是:城镇密集地区内部两城市的核心生产要素不同→两城市生产要素的供给不同→两城市生产要素的价格不同→两城市的生产成本不同→两城市生产的商品价格不同→两城市就会有相应的产业选择→两城市就会产生专业化生产和分工→两城市在分工中获得的收益不同→收益大的城市慢慢变成大城市,收益小的城市变大的速度很慢,从而在城镇密集地区内形成不同的城市等级体系→大城市与小城市的核心要素不同。

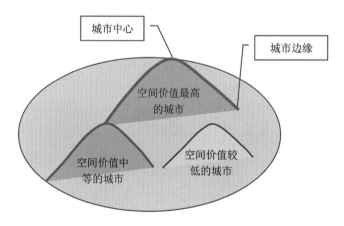

图 4-2　城镇密集地区的价值空间示意图

此时表现出来是城市越大,规模发展越快。但是当社会生产成本通过扩张规模已经降到极限水平,也就是说通过降低生产成本来提高社会生产价值已进入"夕阳"时期,人们主要是要通过产品的复杂性来提高其技术赋予的价值。这时城镇化进入

---

[1]　在经济学中的要素通常是指资本、劳动力和人力资本,本文中的要素是广义要素的概念,它可以是区位,可以是制度,也可以是文化。核心要素是指影响产业选择的最关键要素。

到以专业化生产为主的发展时期。随着产品复杂性的深化，致使一个城市不可能聚集复杂性产品的全部生产要素，否则生产将出现不经济的情况。这时城镇发展又进入一个新的时期，即城镇密集地区或都市圈形态的形成时期。上述过程如图 4-3 所示。

从以上分析可知，城镇特别是大城市的社会化生产所表现的交通特征与城市产业形态有关。城市产业形态又与地域经济发展战略有关，经济发展战略又与经济区划（专业化生产形成的格局通过行政方法稳定下来）有关。

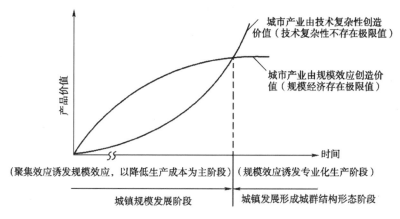

图 4-3　城镇发展与产品价值关系示意图

4.1.3　城镇密集地区空间演化规律

4.1.3.1　理论解释的分歧

城镇密集地区是由多个分工不同、空间邻近城镇组成的空间形态。在一个地区支配空间经济形式的已不再仅仅是单一的大城市或都市区，而是聚集了若干都市区，并在人口和经济活动等方面密切联系，形成的一个巨大空间和经济体。从空间形态上看是在核心地区构成要素的高密集性和整个地区多核心的星云状结构。从空间组织上看是基本单元内部组成的多样性，宏观上似"马赛克结构"，都市圈（大都市圈）成为构成城镇密集地区的基本地域单元。

戈特曼（Jean Gottmann）认为，从地域空间结构看，城镇密集地区发展一般要经历四个阶段：城市离散阶段、城市体系形成阶段、城市向心体系阶段（都市区阶段）和大都市带发展阶段。根据戈特曼等人的观点，区位条件是大都市带产生和形成的基础条件，是大都市带枢纽功能产生作用的必要前提。交通通信条件既是大都市带形成的重要条件，亦是大都市带发展的必然结果，科技革命和产业革命的推动与枢纽功能的结合使孵化器功能日益发生作用，进而推动大都市带的形成和发展。

在区域生产力发展过程中，弗里德曼（J. Friedmann）关于"经济增长引起空间演化"和"支配空间经济的首位城市"的增长极理论，在城镇密集地区的形成发展研究中占有重要地位。结合罗斯托（Walt Whitman Rostow）的发展阶段理论，弗里德曼建立了城镇密集地区与国家发展相联系的空间演化模型。他认为，城镇密集地区的形成发展可以分为四个阶段。

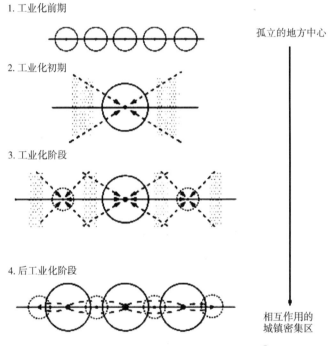

图4-4　城镇密集地区空间演化模式一[①]

欧美其他流派对大都市带的观点差异主要表现在对大都市带的地域空间结构特征差异，并由此引致的指标尺度的差异和功能作用的不同看法。这些学者包括耶兹（M. Yestes）、科莫斯（I. B. F. Kormoss）和勃鲁曼菲尔德（H. Blumenfeld）等人。他们的观点均可溯源至20世纪初的英国著名学者帕特里克·格迪斯（Patrick Geddes）。这些学者认为：①戈特曼及其追随者所描述的大都市带的地域空间结构特征与都市区相似，所以，大都市带与都市区并无太大的区别。②大都市带的地域

---

① J.Friedmann，1966，转引自 Regions in Question.

组合单元即是 1915 年格迪斯在其《Cities in Evolution》中所描绘的集合城市和世界城市，而大都市带只是由多个组合城市通过紧密的、高密度的交通通信网络连接而成的多中心体系。③城市间的社会经济联系并不与其是否在大都市带内相关。④由此得出，大都市带内部的联系并非像戈特曼等人所言的高强度相互作用形成的具有紧密联系的内部整合性的系统，而只是由多个都市区或组合城市组成的一个集聚体。

耶兹（M. Yeates）将城镇密集地区的空间演化划分为 5 个阶段：重商主义时期城市、传统工业城市时期、大城市时期、郊区化成长时期和银河状大城市时期。也就是在银河状大城市时期，即 20 世纪 80 年代以后城镇群体空间在区域层面的大分散趋势继续成为主流，传统中心城市的作用被一种多中心的模式所取代，形成城乡交融、地域连绵的"星云状"大都市群体空间。

在上述五个可观察到的演化阶段中起作用的力只有两种，就是聚集力和扩散力。因此其阶段对应的模型化解释如图 4-5 所示。

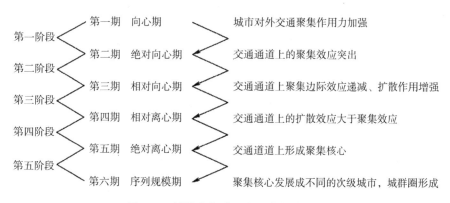

图 4-5　城镇密集地区空间演化模式二

根据上述模型化解释可得出第一至六期都市区发展与交通关系的图解模型如图 4-6 所示。

加拿大学者布鲁门菲尔德（H.Blumenfeld）和耶茨（M.Yeates）认为，城镇密集地区与都市区概念除了量的区别外，并无本质差别，戈特曼所描述的城镇密集地区特征同样也是都市区所具有的。

还有一种观点是以美国学者刘易斯·芒福德（Lewis Mumford）为代表。他认为戈特曼等人所描述的大都市带其实并不是一种新型的城市空间形态，而是一种"类城市混杂体"（Urbanoid Mishmash）。这种"类城市混杂体"是由于发生在大城市地区的人口爆炸之后产生的，并由此对戈特曼等人认为的大都市带的作用提出了批判。

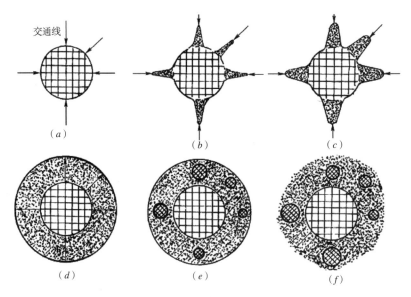

图 4-6　都市区发展与交通关系图解模型

（a）向心期；（b）绝对向心期；（c）相对向心期；（d）相对离心期；
（e）绝对离心期；（f）序列规模期

我们认为，弗里德曼的理论模式基本与经济发展的实际相吻合，因而有较大的理论价值。但是，他的理论模式没有回答"为什么会这样"的问题，因此，与佩鲁（François Perroux）的"增长极"理论和缪尔达尔（Karl Gunnar Myrdal）的"循环累积因果"理论一样是对现象的描述，没有揭示问题的本质。

4.1.3.2　从生产力角度解读城镇密集地区的形成 [①]

要回答"为什么会这样"的问题，必须从构成经济发展的最基本要素中寻找答案，即从生产力发展演变角度清晰解读城镇密集地区的形成和发展。

任何一个时期的生产力都是各生产力因素的互相结合，并且必然地要在地理分布上表现为不同地区的相互关联，即表现为某种模式的地理空间结构。例如，工业经济时代生产力的地理空间分布主要是由工业城镇推动原料产地和工业制品市场分布范围扩大而形成的由工业城镇 + 原料产地 + 市场构成的独立的生产力结构，简称为 XD 结构。

随着生产力的发展，各个 XD 结构的扩大不可避免地会使它们在空间上结合起来。这种结合在工业化发展早期就已开始，并不是等到各个 XD 结构没有扩大余

---

① 4.1.3.2 和 4.1.3.3 参见陆卓明.世界经济地理结构.北京:北京大学出版社，2010.

地后才开始的。

XD 结构的结合包括两个并进的过程：

一是不同 XD 结构在原料产地或市场上相遇，造成 XD 结构的联合。它们的主要联合地往往是农业重心区、强大的农业产品集中区、矿业重心区，或是大规模的市场。联合起来的 XD 结构仍旧以其工业重心区为核心而保持着相对独立性。

二是不同 XD 结构的核心工业重心区之间的工业制品交换导致 XD 结构的融合。随着工业的发展和交通的发展，工业重心区之间的制品交换往往比它们各自与原料产地的联系发展得更快。当前者超过后者时，XD 结构即融合成为一个统一的地理结构，称为 RXD 结构，即为城镇密集地区。可以看出，城镇密集地区是生产力结构的复杂化和高级化。工业重心区越是强大，工业区之间的距离越小，就越有必要，并且越有能力造成 XD 结构的融合。

在 RXD 结构中，生产力的运转以各个工业重心区、农业重心区和农产品集中区以及矿业重心区之间的关联为主干。原来的 XD 结构则转变为互相交叉的中心—腹地体系，不再是相对独立的生产力地理结构。RXD 结构也会由于工业的发展而扩大，并与其他 RXD 结构或 XD 结构融合而成为范围更大的 RXD 结构。

RXD 结构是多中心的地理结构，它的每一个重心区和农产品集中区都具有吸引力，并以工业重心区为吸引核心。工业重心区也是多极分布，尽管它们的吸引力有大小之分，但其中任何一个都不能单独驾驭整个 RXD 结构，更不用说一个重心区中的一个工业城市了。

随着 RXD 结构的形成与发展，不但各种重心区和产品集中区在坐落上的交叉继续存在，而且各中心—腹地体系之间以及各 RXD 结构之间也存有坐落上的交叉，这就使得人们更加难以采用传统的区划方法进行分析。因传统区划方法规定了排他性的区界，认为一种经济事物可以充满全区，而且全区属于一种经济事物。按照这个传统方法划分重心区和产品集中区会造成"突出一点不及其余"的后果，用它来划分中心—腹地体系或 RXD 结构，就不可避免地会抹杀许多区间关联，夸大某些区内关联。

随着工业的发展，XD 结构与 RXD 结构的扩大会超越行政区界与任何一种传统的经济区的区界，甚至超越国界。因此，在经济全球化下，如果仍旧拘泥于经济地理学的传统，只从地区特点出发，把地区关联只看作是地区特点借以形成的外部条件，就难以看到现代生产力地理分布的全貌，难以找到它的规律和模式。

4.1.3.3　不同等级通道的形成

从地理空间运动的规律看，区位与通道互相促进而发展的过程为：通道的分布由区位决定，因为通道由不同区位空间之间的关联而产生。区位越是发达的空间，它们之间的事物交换就越多，因而它们之间的通道就越发达。反过来说，通道越是发达，由通道来关联的区位就越能凭借关联来发展。这不仅限于既有区位，而且也包括凭借通道而建立的新区位。

在 RXD 结构中，生产力与人口大部分集中于各个重心区。整个 RXD 结构的内部交通线也大部分以这些重心区为起终点分布，造成由许多走向平行的交通线组成的通道和走廊，它们的走向由重心区的位置来决定。RXD 结构的轮廓就是由它的重心区和通道的坐落来标示的。

通道网承担着 RXD 结构内部运输的绝大部分，原来的 XD 结构的交通网（常称为"蛛网"）则转变成为地方性的交通网，为中心—腹地体系服务，它们的交通线部分与通道或走廊重叠。这样，通道与"蛛网"在位置上也是互相交叉的，并且全部布置在重心区与非重心区上，造成通道与重心区、非重心区在位置上的交叉。

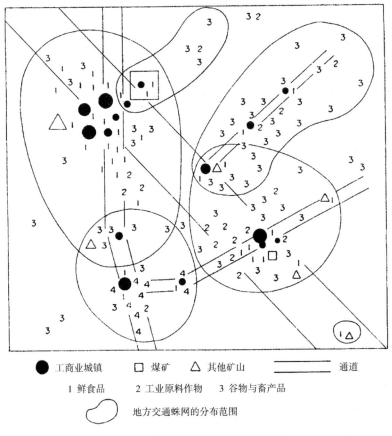

图 4-7 城镇密集地区走廊的形成

城镇密集地区在空间组织上可分为大城镇密集地区和都市区两级。其中，大城镇密集地区是由几个邻近的都市区组成，一般为一个国家的经济极，而都市区则是国家的经济"高地"，这两层级的城镇密集地区空间组织上产生的交通需求强度有着数量级的差异，都市区以区域化的城市交通为主导，大城镇密集地区则以区域经济联系为主的区域交通为主导，协调的难度也逐步上升。

4.1.4　空间演变的阶段性

从我国城市发展的现状看，我国城市化格局正在发生着演变，其主要变化就是由个别城市的一枝独秀，独立面对国际、国内竞争转变为城市间的协作向规模化方向发展。区位相近的一些城市为了谋求发展，主动加强联合，加强彼此间的联系，明确各自的发展目标和特色，实行优势互补，形成规模，共同参与国内和国际上的竞争。这种区域发展的空间格局必将催生出一些不同规模的城镇密集地区，成为国家经济发展的主要引擎。在国内，目前除了以广州、深圳和港澳为中心的珠江三角洲城镇密集地区，以沪宁杭为中心的长江三角洲城镇密集地区，以北京、天津为中心的京津冀城镇密集地区外，还有一些规模不等、大小不一的类似城镇密集地区正在聚集成型和酝酿之中。

这些城镇密集地区是中国未来经济发展格局中最具活力的地区，在全国生产力布局中起着战略支撑点、增长极点和核心节点的作用，承担着区域各种要素流的汇聚与扩散职能。

城镇密集地区发展经历了一个空间规模从小到大、经济组织从松散到紧密、城市分工从相对独立到细化的过程，客观上决定了城镇密集地区演进有着一定的发展阶段。判定城镇密集地区发展阶段的影响因素很多，针对不同国家的标准可能存在着较大的差异。在对国外城镇密集地区考察和参照的基础上，充分考虑了我国还是一个发展中国家，以及国内城镇密集地区产业、空间、分工等发展阶段的客观实际。设定经济发展度、城镇整体发育度、城镇间相互作用度、对外开放度、基础设施建构度等指标对国内主要城镇密集地区尝试进行阶段划分。

在界定城镇密集地区发展阶段之前，我们首先应根据前述的概念辨析，初步判定该区域确实是城镇密集地区或已具备城镇密集地区的雏形。也就是说，在一定地域范围内，存在了以多个大中城市为核心，城镇之间和城镇与区域之间发生着密切联系，城市化水平较高，城镇连续性分布等基本特点。然后再根据指标体系进行界定其所属发展阶段。据此，可得出我国几个主要城镇密集地区的所处发展阶段。

我国城镇密集地区发展阶段的判定

表 4-1

发展阶段	城镇密集地区名称
相对成熟阶段	长江三角洲、珠江三角洲、京津冀
快速发展阶段	辽中南、成渝、长株潭、山东半岛、海峡西岸、中原、武汉、关中—天水
初级阶段	北部湾、天山北坡、滇中、黔中、呼包鄂榆、宁夏沿黄

资料来源：《中国区域经济发展报告（2013）》，上海财经大学区域经济研究中心。

4.1.5 空间发展特征

我国城镇密集地区形成的动力和阶段性，反映在都市的空间拓展上，表现为两种不同形式，一是以大城市郊区化为特征的空间拓展模式，另一种是以工业产业聚集为特征的空间扩展模式。

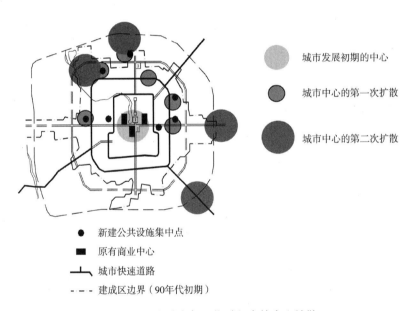

图 4-8　北京城市郊区化过程中的中心扩散

大城市郊区化是国内外研究最多的城市扩展模式，也是目前国内大城市空间扩展主要方式，随着城市交通的迅速发展，大城市由单中心向多中心转变实现空间拓展。大城市郊区化发展主要由中心城市主导，即"自上而下"发展，发展过程中主城区的聚集与扩散效应十分明显，主城区的建成区面积不断扩大，周边村镇与城区迅速连为一体，成为城市化地区。如目前北京、广州、上海等城市的空间扩展中，大部分是由于大城市郊区化带来的。

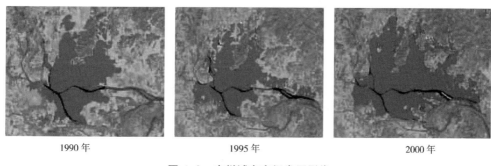

1990 年　　　　　　　　1995 年　　　　　　　　2000 年

图 4-9　广州城市空间发展影像

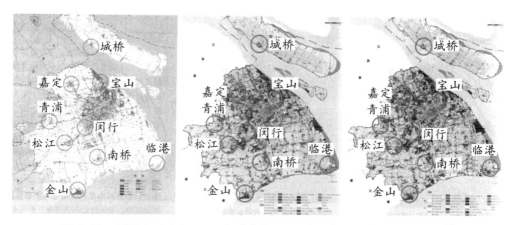

图 4-10　1997 年（左）、2006 年（中）、2010 年（右）上海用地现状对比 [①]

工业产业聚集的先工业化后城镇化的城市扩展模式是我国城镇密集地区的另一种主要的空间扩展模式，主要有两类，一是以大城市外围工业组团发展形成的大规模工业产业聚集区，这类区域相对集中，由政府主导发展，主要以重型制造和大型工业产业为主，先以产业聚集为先导，逐步发展城市功能，成为中心城市的新城或城市组团（如北京的亦庄新城）。

另一是由城镇密集地区中小城市"自下而上"的产业发展形成的工业产业聚集区，其空间扩展主要以乡镇，或者村等为主体，通过中小工业产业聚集。在发展的初期，无论从人口构成（外来人口为主）还是城市服务看，这些地区主要职能是工业生产，不能看成真正意义上的城市，城市服务水平很低。在空间上，这些产业聚集型地区，虽然表面形成了密集的城镇连绵区（如广东省东莞市），但实际上各城镇的社会经济发展，以及城镇空间拓展（特别是产业空间）并无密切的内在联系。

---

① 上海市城市规划管理局 . 上海市城市总体规划（1999～2020 年）. 2001；上海市城市总体规划（1999～2020 年）实施评估报告 . 2013.

随着工业产业发展与升级，人口构成发生变化，城市服务逐步提升，这些地区逐步向城市过渡，相邻的乡镇服务产业通过整合，形成城市中心，并最终形成多中心的城市格局。

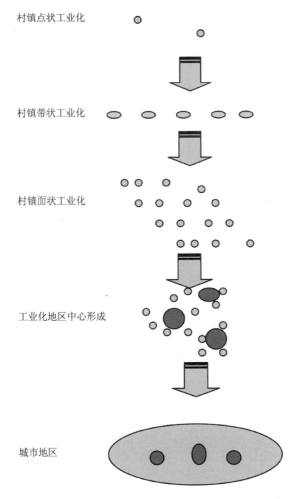

图 4-11 "自下而上" 工业化地区城市化过程 图解[①]

我国目前形成的三大城镇群中均有典型的工业聚集型城镇密集地区。目前我国典型的城镇密集地区空间发展上，"自上而下"的大城市郊区化和"自下而上"村镇工业化聚集地区并存。

大城市郊区化主要集中在区域服务中心周围，如三大城镇密集地区中北京、上

---

① 孔令斌. 我国城镇密集地区城镇与交通协调发展研究. 城市规划, 2004, 2 (1).

海、广州的空间扩展都属于大城市郊区化的扩展模式。对作为区域中心的城市来说，其特征在于以城市的优势环境和条件（服务能力、基础设施、信息交换、交通运输等）吸引着众多企业和机构及社会经济各部门（核心地区构成要素）在相对狭小的空间内集聚，从而突出中心城市作为城镇密集地区核心的集聚效应。郊区化拓展的动力大部分来自中心城市内部，在已有中心区基础上向外拓展，拓展过程中政府的引导作用较大，城市空间拓展中规划的痕迹浓厚，城镇的拓展与服务的拓展几乎同步推进，人口的构成也主要以城市人口疏散为主，是城市发展到一定阶段后的必然发展趋势。

"自下而上"工业化地区的发展主要以不同发展阶段和不同空间密度的工业化聚集为特征，形成密集的工业开发地区。在城镇密度高的地区，大规模的工业化形成连绵发展的城镇带，而在城镇密度相对较低的地区，城镇空间距离大，城镇工业化主要在原有的城镇基础上发展，形成组团状的城镇发展地区。

珠三角目前已经初步形成了以深圳—东莞—广州—佛山工业聚集带的城镇连绵区。各城市的市区与"郊区"，各城镇工业用地和居住用地连绵成片，相互间已经不存在明显的界限。而长三角、京津冀、海西地区城镇密集程度还相对较低，"自下而上"以乡镇企业为主的城镇工业化和"自上而下"的产业区建设使这些地区主要表现出以工业组团为主的形式。

珠三角中小城镇的城镇化，大部分以工业聚集吸引全国各地的劳动人口为主要特征，是在特定的历史环境和"自下而上"发展政策下形成的。在香港中小产业转移时，珠三角的中小城镇利用土地管理和交通上的优势，以村镇为单位吸纳香港转移产业，或利用民间资本创业，而高端产业服务仍然留在香港，这导致珠三角各城镇的城镇化水平和特征存在着较大差异，珠江东岸地区由于受香港产业转移的影响较大，外来人口流入较多，产业规模小、数量大，各城镇之间已连绵发展，但服务相对弱；而西岸地区受港资的影响相对较小，城镇化的特征表现与东岸迥异，以乡镇企业和民间资本创业为主显示出组团化的发展模式，市场服务体系也相对完善（形成全国性的批发销售市场、展示等）。同样，在长三角、京津地区，以及海西等城镇密集地区以乡镇企业和国内民间资本为主的发展地区，在空间和职能上的表现也与珠三角西岸地区基本一致。

从空间发展模式上看，珠三角东岸地区工业聚集的城镇化由于对城镇服务要求很低，以村、镇为生长单元在空间上扩大，与由于城市发展到一定水平，城市职能向外拓展而引起人口向外疏散的城镇化截然不同。

　　这种城镇化是在外源发展动力的推动下迅速形成，包括资金、人口、技术等，由此造成的另一突出特征是大量城中村的存在，城镇工业用地膨胀迅速，就地工业化严重，城镇服务聚集不高，城镇人口对工业发展依存度高，而且以外来劳动力为主。从东莞市 1990 年、1995 年和 2002 年的用地开发情况大致可看出这一趋向，如图 4-12 所示。

| 1990 年 | 1995 年 | 2002 年 |

图 4-12　东莞城镇空间发展演变过程（1990 ～ 2002 年）

　　在长三角、珠三角西岸、京津城镇密集地区的发展过程中，大城市采取政府主导的工业发展模式，中小城市采取"自下而上"以乡镇为主的组团发展模式，在大城市周围城镇比较密集的地区，也基本形成了连绵发展的态势。

　　特别是长三角地区形成了沿交通线路，以乡镇和城市为组团的城镇发展带。沪宁线长 291 公里，共有大中小城市 8 座，小城镇 32 个，平均每 36 公里处有 1 个城市、4 个城镇，城镇平均密度全国第一。尤其是苏锡常地区，许多城市工业区与工业小城镇沿着交通走廊发展，沿线所剩的郊区农业化地区已经不多。

4.2　城镇密集地区交通发展对城镇关系的影响

4.2.1　城镇密集地区交通与产业发展关系

　　交通形态需与经济形态同构。交通运输是国民经济的组成部分，它在经济发展中的贡献具有不可替代性。交通运输是国民经济大系统中的子系统，是经济运行和组织的反映。在经济过程中，只有当交通运输与经济运行之间呈现局部与整体同构时，经济发展的总成本才能最小。因此，交通系统的发展就必须以经济发展战略的指向为其目标指向。这一点也为 20 世纪产业史背景中的交通运输需求特点所证实。20 世纪交通运输发展史表明：

（1）运输正从以运输规模为重点的发展转向以提高运输速度为重点的发展。这是因全球以资源密集型为主的产业形态经过18、19两个世纪的发展，到20世纪已走向成熟，同时已基本完成向资金和技术密集型为主的产业形态转变。随着生产形态的进步、转型，运输形态也发生了相应的变化，即运输的发展也对应地从以增大运输规模为指向转变为以缩短运输时间为指向，表现在具体的运输方式上，则是从以发展铁路、内河航运为主转变为以发展公路、航空运输和高速铁路为主。

（2）由于交通协同运作实施的增强，枢纽变得异常重要。交通协调运作包括运输与通信间的协同（广义的交通是运输与通信的合称），也包括各种运输方式之间的协同，以及同一运输方式中的硬技术与软技术的协同运作，其核心目的是缩短运输时间，提高运输效率，适应生产指向的变化。

> 美国交通运输系统的发展与产业革命的全过程相对应，并一直持续到现在。在产业革命时期，美国的交通运输可以概括为相继以兴建收费公路主导、运河主导、铁路主导三个特征时期；产业革命之后，又经历了大力发展高速公路和航空运输的阶段，现代化的管道运输则是为适应石油和化工产业发展衍生的特定运输方式。按照美国运输部新千年的交通战略规划，21世纪的美国运输系统被视为一种战略性投资，其使命是"保证运输安全，促进经济发展，提高美国人民的生活质量"；战略目标包括安全、畅通、经济增长、人与环境的和谐、国家安全等五大目标。

（3）交通运输技术的发展促使单位交通运输距离的成本下降，交通运输成本的变化和交通运输时间缩短一起促进了运输需求的增长、运输组织的变化，进而导致产业组织的变化，以及产业分工的增强。

城镇密集地区的形成与交通关系密切。发达的综合基础设施网络，可以促进区内外经济交流、带动地区分工与合作。城镇密集地区依靠发达的内、外部交通联系，才能打破行政区划和部门分隔、打破"诸侯经济"。从经济规律出发，按照产业链来布局经济。按市场规律分工，考虑围绕核心企业建立生产链、销售链和物流链。加强各地方政府间的横向联合，加强经济信息方面的交流，从而为城镇密集地区的经济发展提供准确、完整、及时的信息。因此建设发达的城镇密集地区内部、外部交通网络是形成、发展城镇密集地区的重要保障。

成熟的城镇密集地区是区域发展到资金密集型产业阶段，并高度发展的产物，故成熟的城镇密集地区的交通需求具有资金密集型产业生产的需求特征，即需求高速、小型运输系统。高速运输可加速流通、降低资金成本；小型运输适宜运送单位体积（单位质量）资金含量高的资金密集型产业的产品。

资金密集型产业产品的另一特点是产品复杂性高，故其技术含量很高，高技术含量要求多种生产要素聚集共同完成。因此，资金密集型产业的生产需从全国乃至世界范围去聚集生产要素，并向全国和世界去销售自己的产品，即城镇密集地区需要强有力的高速交通通向其他城镇密集地区，或通向世界经济极。

产业形态与交通形态关系　　　　　　　　　　　　　表 4-2

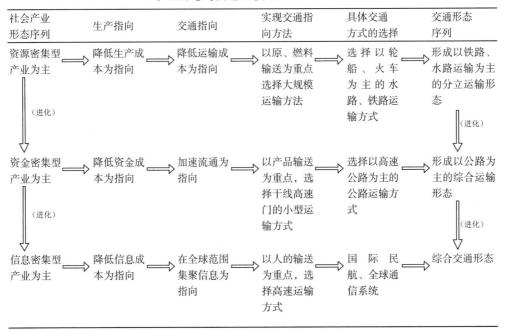

社会产业形态序列	生产指向	交通指向	实现交通指向方法	具体交通方式的选择	交通形态序列
资源密集型产业为主	降低生产成本为指向	降低运输成本为指向	以原、燃料输送为重点选择大规模运输方法	选择以轮船、火车为主的水路、铁路运输方式	形成以铁路、水路运输为主的分立运输形态
（进化）					（进化）
资金密集型产业为主	降低资金成本为指向	加速流通为指向	以产品输送为重点，选择干线高速门的小型运输方式	选择以高速公路为主的公路运输方式	形成以公路为主的综合运输形态
（进化）					（进化）
信息密集型产业为主	降低信息成本为指向	在全球范围集聚信息为指向	以人的输送为重点，选择高速运输方式	国际民航、全球通信系统	综合交通形态

交通运输网络和技术的发展，导致运输成本降低，地区的产业集聚状况将发生显著变化，促进产业组织的分工加强、范围扩大，生产组织极化效应弱化、扩散效应显现。因为在这一情况下，产业集聚到一定程度后产生的地区内非贸易品价格高企不下、环境污染等外部成本往往超过了引向集聚的向心力，部分技术含量低、劳动密集型产业将不得不率先从原制造业中心向周边地区转移，而原制造业中心可能会衰落，或者发展成为技术或资本密集型产业中心，或者纯粹成为技术创新、贸易、金融服务等中心，地区之间开始实现产业梯度转移和分工协作。

如果交通运输业进一步发展，制度进一步完善，城镇密集地区的一体化水平推进到很高的水平，由于制造业规模报酬递增特性，某一产业将集中在一个地区生产来满足其他地区对该产品的需求，相应地别的地区则专注于另一种产品的生产，各地区都实现了有差异的产品生产，从而出现了近似的地区完全专业化，此时单个产业的集中度与地区专业化水平都处于很高的水平。

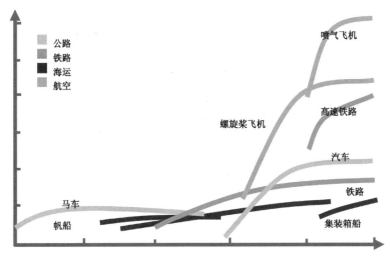

图 4-13　交通机动性发展演变

综上所述，可以看出交通运输与城镇密集地区产业分工与专业化发展水平演化之间的关系如下：

在城镇密集地区发展的初始阶段，由于交通运输不发达，此时各城市之间各自独立发展，城市间的联系很少，没有形成专业化的分工合作，城市间的分工水平低；在交通运输发展到一定程度之后，各城市发现专业化带来的规模报酬递增会弥补分工带来的包括运输成本在内的交易成本的增加，此时，由于制造业刚处于起步阶段，通过循环累积机制的作用，部分具有区位优势的城市将成为产业集聚地，城镇密集地区内的分工专业化水平很高；当城镇密集地区由交通等推动的一体化走向高级阶段时，由于产业集聚的拥挤效应的出现，此时制造业会开始出现梯度转移和分工协作，但此时的城市间的分工、专业化水平会下降；随着交通运输业的进一步发展以及制度的完善，城镇密集地区的一体化水平会达到很高程度，此时城镇密集地区内各城市之间的职能分工比较明确，各城市都会基于自身的优势专注于少数产品的生产，此时城镇密集地区的专业化分工水平会进一步发展，值得注意的是，此时的分工有可能是产业内分工，如果以产业部门的产值或就业来度量分工水平，则反而从数值上表现为分工水平下降。

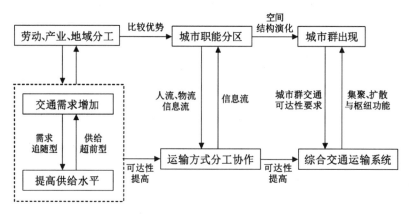

图 4-14　城市职能分工与交通运输之间的关系

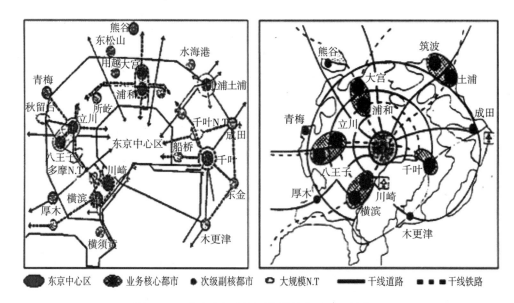

● 东京中心区　　● 业务核心都市　　● 次级副核都市　　○ 大规模 N.T　　—— 干线道路　　■ ■ ■ 干线铁路

图 4-15　东京大都市圈职能扩散和交通系统发展

4.2.2　城镇密集地区交通与城镇关系互动解析

4.2.2.1　交通网络结构是城镇关系的体现

交通网络应与城镇关系同构。交通网络结构的变化会直接影响区域和都市区的空间形态，而区域交通网络的发展会促进区域内城镇服务和大型交通基础设施的共享，促进城市的合理分工，打破"小而全"城市的发展模式，使城市的优势资源得以充分发挥。交通网络对城镇关系的影响主要通过两个方面，一是区域新型的快速和高速交通设施大规模发展，如目前各城镇密集地区规划和建设的城际快速轨道交通、高速铁路网络和高速公路网络的进一步加密，区域交通将进入快速和高速联系的时代，城镇之间的时空距离将进一步收敛，将各都市区更加深入地融入区域发展中。二是交通网络布局结构的变化，新型交通走廊的开辟和建设，城镇的时空距离将随网络布局改变而调整，出现新的交通聚集节点，也将引起区域城镇关系的改变，使区域内原有的"中心—边缘"结构被打破并重塑，网络结构改变对城镇关系重塑的本质在于运行成本的降低和市场重新划分的诉求。

在区域交通网络结构改变上，经济与技术的发展使各城镇密集地区突破了传统的交通瓶颈建立新的交通走廊，如在长三角和珠三角这样江河阻隔比较大的地区，这些新的走廊发展对传统的城镇关系影响更大。长三角跨长江和跨杭州湾通道对长三角密集地区城镇关系产生很大影响。杭州湾跨海大桥、崇明越江隧道或大桥的兴建，将改变长三角区域经济南北联系通道布局，使长三角在走廊发展上打破了传统"之"字形布局，区域交通网络格局发生质变，处于新兴发展轴带上的城镇将获得快速成长的机遇。区域城镇空间结构将与新的交通网络结构相吻合，南北新兴城市走廊将形成，从而使长三角区域城镇关系格局发生变化。

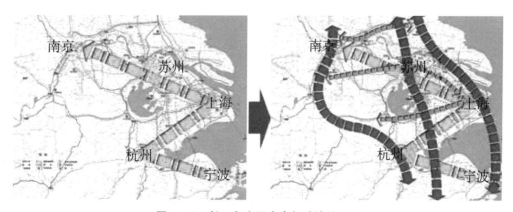

图 4-16　长三角交通走廊与城镇关系图

长江口跨江通道使长江主航线以北的地区直接接受中心城市上海的辐射，成为长三角未来发展的主战场之一，而南部跨杭州湾大桥的建设促进了杭绍都市区的加速形成，使环杭州湾城镇密集地区更加紧密发展，杭州湾区域性资源得到更加合理的利用。杭州湾跨海大桥将宁波、绍兴与上海的时间距离缩短到 2 小时以内，为嘉兴、宁波、绍兴彼此之间，以及与上海间的联动发展提供了便利的交通条件。这将促使区内的城镇空间优化，为区域经济间的协调、整合提供强大的外部动力。

目前长三角和大杭州都市区都处于空间结构调整、城镇空间快速拓展，以及正在构建新型的区域城镇关系的时期，区域交通网络在高等级交通系统和网络结构上的发展不仅是支持城镇发展区域经济发展的基础，更是引导城镇空间布局和新城镇关系形成的动力与杠杆。

同样，区域交通网络结构改变对广州也产生较大影响。特别是跨珠江口通道的形成，将使珠三角在空间发展上打破传统"A"字形的空间布局结构，东西岸联系的加强将进一步促进西岸南部珠中江都市区的快速成长，区域城镇体系布局将在新的交通网络结构下进行调整。

浙江省环杭州湾地区域市群空间发展战略规划　　　　　珠三角区域交通设施规划图

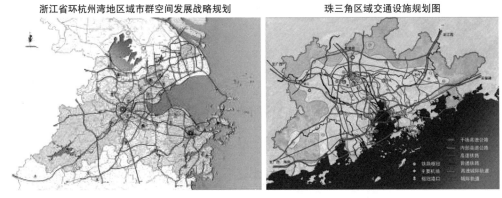

图 4-17　交通网络结构影响城镇关系示意图

4.2.2.2　交通运输促进空间收敛

交通运输促进空间收敛是指交通运输发展对社会经济活动克服空间阻隔能力的不断提高而产生的一种空间相对压缩的现象。基于交通运输的方式和网络发展，该过程使得相同规模的社会经济活动在相同距离之间的运输成本持续下降和运输时间相对减少，从而使空间在时间序列发展中呈现出一种不断收敛的发展过程。

交通运输发展最直接的结果是单位运输成本的持续下降，进而导致产品运输距离的不断拓展以及由此产生的经济活动空间范围的扩大。这一结果带来的就是经济活动空间的相对收敛。

交通运输的发展意味着可以在空间范围内通过修建基础设施，或者通过更为便宜快速的交通运输方式替代原有的高成本方式，以较低成本完成空间范围内的活动位移；或者也可以通过提供更高等级的线路，负荷更高效的要素流动，从而带来交通运输成本的大幅度下降。例如，美国 1825 年通航的伊利运河，使得布法罗和阿尔巴尼之间的运输价格从每吨 100 美元下降到 10 美元之后，又下降到 3 美元，空间的相对收敛、运输成本的直线下降使得在运河通航之前两地间不可能形成的贸易开始繁荣起来。空间收敛意味着产品输出范围的扩大和运输距离的延伸，从而能够在一个更为广阔的空间范围进行经济活动。

此外，低价快速的交通运输还是城市空间迅速扩张的动因，这也是交通运输"成本—空间收敛"的一种表现形式。首先，它可以保证城市获得远距离的基本生活供应，从而导致城市人口规模的扩大和城市建成面积的不断向外扩展；其次，低价运输使得城市制成品的输出范围扩大，从而刺激生产规模的扩大；再次，交通运输改善所带来的运输成本下降对城市土地价值的影响非常大，进而导致不同类型的经济活动主体（如商业、穷人、富人等群体）对城市空间的需求产生差异，最终导致不同经济活动在城市空间上的拓展和重新分布。

时间—空间收敛是交通运输导致空间收敛的另一种表达方式是由交通运输发展所带来的相同距离的运输时间的缩短而产生的。在特定的时间区间内，由于不同交通运输方式的经济特性差异很大，所以当采取不同的交通方式时，会导致相同运输距离的出行时间有很大的不同。原本可能需要耗费很长时间才能完成的空间位移，由于交通运输出行方式的改变，时间被大大压缩。

美国交通运输发展对整个美国空间的改变也是非常显著的。特别在几种交通运输方式的相对更替过程中，以出行时间表示的美国整个空间范围被大大压缩了，交通运输发展所造成的"时间—空间收敛"显著存在。这一特性对于美国东中西部区域经济发展的影响无疑是巨大的。如图 4-18 所示的是不同年代以纽约为起点到美国不同地区所需的出行时间的。如图 4-18（a）～（c）所示是 1800 年、1830 年和 1857 年的估计结果，如图 4-18（d）所示则是 1912 ～ 1990 年期间以不同的出行方式标注的估计结果。

以佛罗里达半岛为例。1800 年从美国的纽约到达此地大概需要 2 ～ 3 周左右的时间，1830 年这一时间就缩减为 1 周左右，而到 1857 年所需时间又大幅下降到 3 天左右。如图 4-18（d）所示是 1912 ～ 1990 年期间以不同出行方式标注的美国空间收敛，美国的整个空间范围在不同的主导交通运输方式下，呈现出明显的收敛规律。最外边表示的 1912 年以铁路为主导的美国国土面积，到 1990 年随着喷气式飞机的出现，美国的国土面积收敛成图中最小的封闭式图形，空间被极大地压缩了。

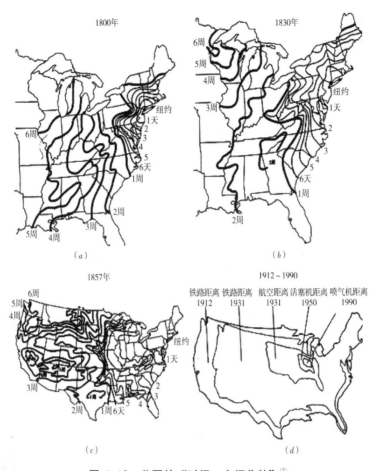

图 4-18 美国的"时间—空间收敛"①

由此可见，交通运输发展所带来的"时间—空间收敛"规律在较长时间内对空间的影响非常大。在这个过程中，城镇密集地区连绵和扩张主要沿快速交通线展开，区域快速轨道交通和高速公路成为大都市形成和空间组织的重要基础，根据相关的调查，在大都市地区的交通出行中，80%左右的长距离交通出行是利用区域快速轨道交通承担。

4.2.2.3 时空收敛与城镇关系

城镇关系是城镇在区域经济、社会组织中所承担职能的服务腹地范围和相互联系在空间上的表现。城镇关系包括了空间关系和经济活动组织的关系，是宏观交通

---

① （美）J. 阿塔克，B. 帕塞尔. 新美国经济史. 罗涛等译. 北京：中国社会科学出版社，2000：146，153，164.
吴传钧等. 现代经济地理学. 江苏：江苏教育出版社，1997：254.

规划的基础。城镇关系在经济、社会组织上的反映通过需求的特征表现出来。

根据国家、区域和城市的交通发展规划，国家和区域交通高速化、城市交通快速化是目前城镇密集地区交通系统的主要发展趋势，新型高机动性交通工具引入城市和城镇密集地区交通系统，区域与城镇的时空大大收敛，成为城镇密集地区城镇关系改变的触媒。

根据地租理论，交通机动性的提高促使同一城市区位的土地价值提高，或者说区位效用提高。在城镇密集地区，当交通机动性提高到某一土地利用的地租曲线可以跨越城市边界、覆盖相邻城市时，就意味着，在忽略城市边界的影响下，即认为边界对土地政策没有影响的情况下，该土地利用选址的范围可以扩大到相邻的城市，或者说一个城市的某土地利用（或城市职能）所覆盖的城市活动的范围可以延伸到地租曲线涵盖的区域。此时，城市之间的关系逐步变化来适应交通机动化所引起的土地市场的变化，即城市活动的范围、方式和组织发生变化，进而引起城市用地布局和城市功能的变化，相邻城市的城市功能组织进入紧密合作状态，城市的职能分工重新洗牌。

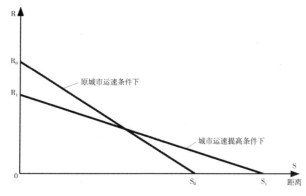

图 4-19　机动性提高对地租的影响

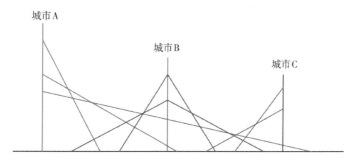

图 4-20　机动性变化对区位的影响

交通系统要反映城镇关系，同时交通系统的发展也是城镇关系的塑造者。就像每一次交通运输速度和成本上的变化都会引起国家、世界范围内城市体系格局的变化一样，国内城镇密集地区高速、快速交通系统的发展，以及城市公共交通的发展与延伸也将促进这一地区城镇职能的再分布，引起区域内城镇关系的变化。中心城市服务的地位将随着交通网络的建立更加强化，次级城市中的一部分服务职能将向中心城市集中，而中心城市中土地价格的提高，也将使部分对商务成本敏感的服务职能如产业和居住等向周边城镇转移，形成新的区域城镇关系。土地开发也将打破城市原来的用地平衡，中心城市的服务用地、外围城市的居住和工业将大规模发展，此时新的城市用地平衡将在区域内建立，而不是局限在一个城市的行政区范围内。

交通技术进步和交通工具发展是城镇密集地区形成的重要基础，也是城镇密集地区空间和城市职能得以整合的推动力。每一次革命性的交通工具发展，即对于交通机动性的改善和交通成本的大幅度降低，都会通过大幅度改变区域城市地租的分布而引起区域城市空间组织和格局的变化，并对某一地区城镇体系的相互关系产生影响，这种变化与交通机动性改善和成本下降的幅度成正比。同样这也使城市布局更加灵活多样，在交通机动性允许的范围内采取合适的布局模式。如机动交通的出现，特别是汽车交通，使城市范围迅速扩张，也使城市布局的多样性得以体现出来；高速交通工具（高速城际轨道、高速公路等）的出现并应用于城市交通，促进了更大都市地区的迅速发展，以及城市间功能和空间的整合。

目前我国正在进入国家和区域新的交通系统快速发展时期，国家交通规划中新的高、快速交通方式发展，以及新交通走廊的开辟将会改变区域、城市空间不同组成部分的交通可达性，打破既有的城镇关系，促进区域新的城镇关系形成。

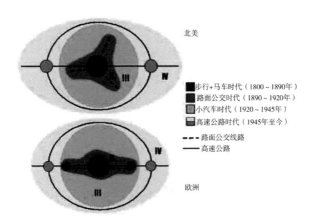

图 4-21 北美和欧洲不同交通时代的城市扩展

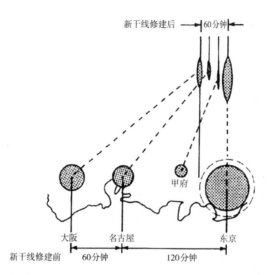

图 4-22　新干线修建形成的东京、大阪和名古屋间的时空收敛效应 [①]

注：名古屋在东京与大阪间，新干线的开通，使得名古屋的吸引力与竞争力逐渐消失。由于名古屋距大
　　阪约150公里，距东京约400公里，其已渐成为大阪圈的地方都市。

在区域高速交通系统的影响下，时空收敛使城镇密集地区的城市区域化。无论
城市能级多大，都仅在区域中承担一定的区域职能，交通等时线的扩大使城市活动
和经济组织范围越来越大。一方面使城市重要的功能聚集，形成城市发展的聚集效
应，城市的高端服务，通过扩大范围来扩大服务规模；另一方面城市的次要功能分散，
从经济活动的扩散逐步随着交通的改善发展到居住、办公、商业等日常活动的扩散，
使区域中的所有城市承担不同的职能，城镇密集地区的城镇功能在聚集和分散的变
化中，活动融为一体，形成联系紧密的超大都市发展地区。

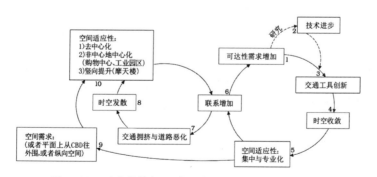

图 4-23　时空收敛与区域、城市空间再组织过程示意

① Hugo Priemus，Peter Nijkamp and David Banister. Mobility and spatial dynamics: an uneasy relationship.
　Journal of transport geography，2011（9）: 167-171.

对区域内各城市而言，城市规模不断扩展将原来的城郊地区纳入城市，许多大城市总体规划中城市空间结构的调整范围正超越中心城区，在市域范围内进行，市域成为城市空间结构调整的重点。多中心、组团发展的城市空间结构调整又使市域城镇化地区与非城镇发展地区交错，传统的以中心城区规划为主导，城郊两元的规划模式受到挑战。多数城市是在全境城市化背景下进行城市的空间和土地利用布局，部分城市已开始尝试编制全域总体规划，而且在经济和产业组织中，市场的因素脱开行政层级框架的束缚，市域部分行政低层级的城镇正在承担全市、区域甚至全国或者全球性的经济和产业组织功能。城市的职能、产业、经济、社会活动组织从中心城区延伸到都市区或者整个城镇密集地区。

处于城镇密集地区的城市，在经济全球化下，新的产业经济组织方式正在改变着既有的城镇关系，传统的按照行政层级构建的城镇体系格局正在被打破。"城"（建设范围）和"市"（城市职能影响范围）空间范围不再是完全重合的空间范围，正在逐步分离，"市"的范围超越"城"的界限，在都市区或者整个区域，甚至国家发挥着作用。城镇密集地区城市职能的相互交错，形成了城镇密集地区"你中有我，我中有你"的新型城镇关系。

按照地租理论和时空收敛规律，在城镇密集地区的交通发展中，交通成本与出行时间是出行效用中反应最敏感的两个因素。通过对交通定价机制、管理与设计标准的调整，出行成本和出行时间在城镇密集地区的分布随空间和交通的发展逐步改变，并作用于企业和居民选址，进而影响经济活动组织，导致城镇密集地区区域出行目的分布和活动构成的改变，推动土地利用与经济活动的进一步都市化。

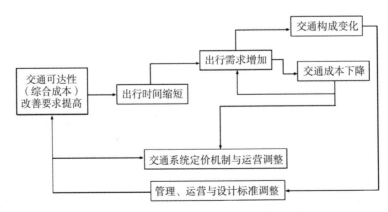

图 4-24　区域交通特征与管理机制变化过程

4.3　城镇职能、空间发展与交通需求特征

4.3.1　城镇职能与交通需求特征

4.3.1.1　城镇职能及其变迁

1. 城市职能分类

城市职能是指某城市在国家或区域中所起的作用和所承担的分工。按照对城市经济活动基本和非基本的划分，城市职能的着眼点应是城市的基本活动部分（许学强、周一星、宁越敏，1997）。随着四种劳动空间分工基本类型的交织作用与变化，城市的基本和非基本比率也会不断发生变化。从宏观上看，城市发展主要是其经济生活中基本活动部分的内容和规模扩张。而城市职能也沿着"简单服务性（仅为统治和生活服务）"→生产性（工业生产主导）→综合性（生产与服务并存）→专业型综合服务性（为广泛区域内的生产和生活服务）这一主线演变（王建军、许学强，2004）。

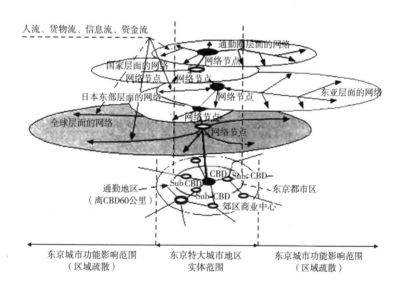

图 4-25　东京作为多重网络的节点示意图 [①]

按照辐射的范围不同，城市基本职能可以划分为全球职能、地区性跨国职能、国家级职能、区域级职能和地方级职能。城市的区域级职能和地方级职能主要是指

---

① NLI Research Institute. *Japan. Tokyo on the Verge of the Post-Megacity Age*，1996.

城市作为特定区域的经济中心，为其腹地提供产品和服务的职能，体现增长极的辐射作用和溢出效应。而全球职能和跨国职能主要是体现该城市在国际范围内的影响程度，它往往是城市的某一项专业化职能的国际控制力，主要表现在该城市与国际上其他城市之间的关系，比如纽约的金融职能、鹿特丹的物流职能等。全球职能和跨国职能是城市与城市之间经济互补的重要前提，是城市与世界经济发生联系的主要手段。这类职能的培育和增长以城市及腹地区域的整体优势为基础，以专业化部门为支撑，着眼于城镇之间的分工，是形成合理城镇体系的根本所在。

2. 城市职能的变迁

在知识经济时代，信息及其网络已渗透到城市生产、生活、交通、休憩等各个领域，网络化、信息化、全球化的发展使传统的城市职能发生了深刻的变化。

（1）城市职能作用空间的区域化

一般来说，根据城市不同职能对区域社会经济影响力的强弱，可以区分不同层次城市职能影响的空间范围和联系强度。城市职能在区域城镇体系中影响空间的变化，包括扩大或者缩小，都是通过内部职能的变化和区域城镇体系结构的演变而实现。由于发展阶段不同，城市职能都有其对应的职能影响空间范围，同样城市的职能也是城镇关系和联系强度的反映。

在信息经济时代，发展机会更加均衡，社会经济和政治的组织方式不再是以集权式的行政结构主导的形态，而是一种更加体现区位价值的网络结构。经济领域的全球化趋势不可抗拒，作为某个国家和地区的城市，发展对外围环境的依赖越来越大，增加了社会经济因素发展的不确定性，城市难以对自身发展拥有绝对自主权。同时，在区域内，区域城镇空间的群体性和网络化特征使单纯从各个体城市出发确定未来发展规模、目标的现实可能性也将被削弱，城市职能作用更大程度上决定于区域发展背景。在网络城市的职能关系中，弹性与互补倾向取代了传统的主从服务关系，异质商品和服务取代了均质商品和服务，单个城市的环境质量与运行效率更多依赖于区域整体的环境质量与运行效率。交通枢纽地区和节点地区在区域整体网络中的作用突出，是城市及区域职能转型中新职能要素成长最活跃的区位，如高技术园区、航空港、高铁枢纽、出口加工区，以及区域性的休憩地带等等，这些职能区不同于传统意义上的城市职能区，它们往往更具有区域意义。

（2）城市职能内部由聚集型向分散型转化

城市生产活动与其他城市活动表现出更多的融合、共生关系，而非排斥与干扰关系。在信息网络的支持下，生产在地域上的分散分布打破了大规模集中工业区的概念，出现了居住及其他职能与生产职能的混合。

　　交通出行目的虽然变化不大，但分布、构成和达到出行目的的方式发生很大的变化，交通需求也相应改变。在传统工业社会，人们出行的主要目的是去工作场所和购物、娱乐场所。在知识经济时代，生产与生活职能的分散及混合使人们减少了工作往返的奔波，网上购物及娱乐的发展也使居民出行次数大为减少。但这时新的出行目的又出现了，由于工作效率的提高，人们有了更多的闲暇时间用于休闲活动和旅行，满足更高层次的需求。货运交通需求的变化在于，人们通过网上购物或求助服务的运输需求增加了，货运交通的相关职能也随之改变。

　　（3）城市职能边界模糊化

　　信息网络导致流通领域与生产领域的边界模糊，工业用地与商业用地的兼容化日趋明显。城市的生产职能与流通职能将不再是截然分开的两个独立领域，而是通过网络融合在一起，职能边界模糊导致城市工业和商业活动土地使用呈现兼容化特征。

　　居住生活与办公生活的融合导致生产用地与居住用地的土地使用兼容化。信息技术发展使分散的工作方式成为可能，交通区位在信息化下在同一区域内逐步扁平化，将不再是选址时的首选考虑要素，企业的小型化、轻型化、清洁化为生产空间与居住空间的邻近提供了可能，商务办公、工业生产与居住生活的土地使用呈现明显的兼容化。

　　（4）城市非物质性职能的强化

　　在城市产业结构由传统物质生产为主的经济模式转向知识产业及高技术产业为主的经济模式时，城市职能"由硬变软"趋势明显，相应地城市非物质性职能的发展占据着越来越重要的地位。

　　首先是城市职能的转变，即从以商品为中心的服务向以知识和信息为中心的服务转变。由传统的工业社会中的提供辅助生产的服务和满足个人生活需要的服务，如商业、银行、饮食等，转向重点提供个人更高层次生活服务和专业、技术的服务，如保健、教育及研究、评价、系统分析等。

　　其次是城市的教育、科研职能的地位得到了空前的提高，城市的创新职能将作为一种精神渗透到城市其他职能中。此外，城市管理职能的合理性得到一定提高，信息技术使人们的沟通交流更为便利，公众与城市管理者的双向信息交流，使政府行为的透明度提高，使政府对经济和社会的管理决策更具合理性。

4.3.1.2　城镇职能集聚扩散与交通需求特征变化

　　城镇密集地区交通对产业，进而对城镇职能聚集和扩散的影响主要通过运输经济效益和社会固定资本费用的节约体现出来。交通对经济活动聚集和扩散的影响是指交通对经济活动的吸引以及排斥效应所带来的空间集中或扩散现象。这主要表现在运输节点或线路上经济活动的数量或密度、类型、规模等方面的变化。运输的聚集能力，则是指运输对社会经济活动的吸引、辐射能力。吸引力、辐射力大，在交通线路周围就能够聚集更多的经济单位（密度大、规模大）、更为频繁的经济活动，反之，吸引力、辐射力小，则聚集的经济单位少（密度小、规模小）、经济活动不频繁。这种聚集能力取决于两个因素——运输线路特点和运输能力。

1. 城镇职能集聚分析

区域经济发展是区域活动中各种要素在空间重新实现合理配置的过程，要素在空间中的重新组织是通过组织经济活动位移的交通系统来实现的，因此交通系统发展和改善过程就成为决定要素空间组织规模、组织形式和区位选择的基础，交通运输的属性和交通运输发展的阶段性特征就成为区域经济活动发生、发展以及空间结构演进的决定性力量。

区域内城市交换活动的增加使经济活动日益向城市地区聚集，进而又促使城市的规模扩张，城市职能日益丰富。区域对外联系的交通条件改善后，城市扩散的力量增强，城市职能的专业化程度得到强化，城市在区域内的分工日益突出，并在空间上城市各专业化的功能区逐步取代城市成为区域经济社会组织的重要节点，产业分工组织的范围也更大。因此，交通通过影响要素流动的规模、强度、速度和成本，制约着城市聚集和扩散的力量，进而影响着区域内城市的职能。

交通与影响城市职能形成的主要经济力量有很大的关系。正是由于这种密不可分的关系，导致交通在城市职能聚集和分散过程中扮演了非常重要的角色。从交通与经济聚集与扩散的关系看，尽管经济聚集与扩散的发展原因很多，如分工和专业化、规模经济的实现、外部性经济等等，但从本质看，通过运输成本的节约实现城镇某一或某些空间的集中以及向区域一定空间的扩散是最重要的原因。例如，随着客运交通运输成本降低到一定规模，城市公共服务的集中导致服务业在空间上向某一个地区集中，如果交通技术发展导致运输成本变化，则可能重新引起区域空间结构的变动，进而反映在城镇职能的变化上。

2. 城镇职能扩张分析

随着越来越多的人和经济活动集中到城市地区，需求日益多样化，城市职能开始不断拓展。这种多样化需求满足在城市职能中的表现就是城市职能的不断拓展。城市职能的增长遵循循环与累积因果原则，一旦某种力触发了某一城市职能的成长，由于各产业部门相互联系的性质，将促进其他有关部门的成长。这些部门的成长又孕育着另外一些相关部门的成长，接着又导致新的产业部门进入城市，开始新的一轮循环。

　　交通条件的改善会成为城市"循环与累积效应"的重要诱导剂和强大触发力。区域交通条件的改变和能力的增强，将会引发区域内商贸业、制造业、服务业、仓储业等相关产业和经济活动，产生一种显著的循环与累积效应，推动区域内各类城市职能的增长。

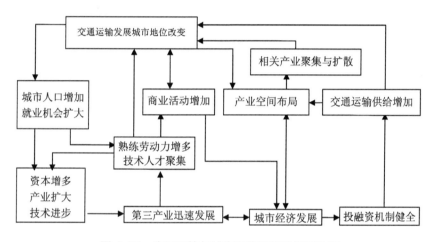

图 4-26　交通运输与城市职能拓展的相互作用

　　如图 4-26 所示，交通与城市职能互为因果、互相推动。两者的交互影响过程，可以概括为城市职能"需求—扩张—饱和"模式。新生职能一旦产生，它与城市原有职能体系之间便会产生职能缺口，在产业关联效应和需求压力下，形成需求拉动、供给推动、创新活动等综合作用力，促使城市职能体系由需求性短缺向供给性饱和方向迅速转化，进而促进交通需求的快速增长和构成变化，并要求交通供给的增加或分配调整。在城市扩张的阶段，当城市人口的发展达到一定规模的时候，又会反过来推动职能的补充、壮大、完善。在这种职能需求的触动、激发之下，经过一次次的循环累积，职能体系达到某种平衡、职能需求趋于缓和时，人口增长便会相对放慢，转入常规增长。

　　新生职能的正常运行又需要交通系统在城市空间、职能交互作用方面的协作，这种要求所带来的交通需求总量扩张和特征变化使城市化地区规模产生巨大的扩张力或促进资源分配调整的动力，同时也改变城市以及内部功能区在整个区域空间结构中的地位，为其他许多产业向城市的聚集以及城市原有产业向区域扩散，提供了良好的生长点和发展机遇，对产业和人口的集聚以及变化产生巨大的吸引力。

3. 交通需求特征变化

城镇密集地区内城市间分工的细化促进交流的增强，反映在交通强度增大，促进城市间的交通供应增加和快速联系交通的需求增加。城镇密集地区的形成和城市专业化的发展，使得原来单一城市的产业布局扩散到城镇密集地区内，分布于更为广阔的地域上，区域内各功能区之间的合作日趋紧密，传统城市内部的交通流有相当部分也相应转移和扩散到中心城市以外的地域，流动特点表现为周期性和高频率。因此，布局合理、能力充分、高效集约的区域快速运输通道作为区域内各功能区间的"传送带"，对于城镇密集地区发展起着至关重要的支撑和促进作用。

随着城镇密集地区内人口和产业的集聚，经济规模的不断扩大和分工的不断调整，职能不断完善调整，交通运输需求不仅在总量上持续增加，而且在构成和结构上也出现新变化。

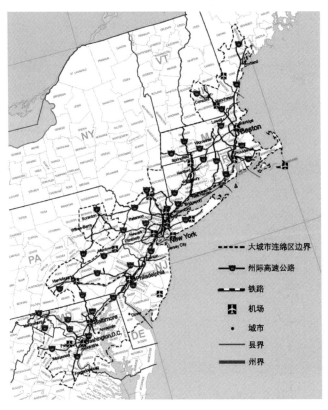

图 4-27　美国东北海岸大城市连绵区综合交通系统

一方面，区域内城市化地区空间拓展，需要扩大城市公交的服务范围，提高公交系统的可达性。首先，都市圈的核心区作为要素的集聚中心将集中大量的客流、信息流，使得这一地区成为客运交通密度最高的地方。因此，需要建立中心区内部高质量的公共交通服务，使中心区内部联系方便、紧密，从而产生更大的集群效应，发挥中心区的经济引领作用。其次，随着城区范围的不断外展、城市职能的郊区化，外围郊区迅速发展。居民以城市中心为目的地的工作、购物、休闲娱乐等出行需求迅速上升。为了满足居民逐渐多元化、高频率的日常出行需求，公共交通的发展方向应当是逐步扩大公交的服务范围和运营组织方式，由"市区公交"向"都市圈公交"转变，提供不同服务标准的公共交通产品，提高都市区公交系统的可达性。

另一方面，区域内城镇职能分工要求核心区与周边地区以快速、大容量的交通方式连接。适应中心城市与其外围城镇在职能上互补，在商品、服务、资金、信息和通勤等方面将形成密切的双向联系、往返式流动的特点。为了增强中心城市的服务，需要在中心城市与周边城镇之间大力发展快捷、大容量的交通干线满足中心区与外部区域之间快速、高密度的客货运输需求，如以高速公路、大容量区域轨道交通，或者二者并举实现中心城市与周边地区的高效连接。

4.3.2　城镇空间发展与交通需求特征

4.3.2.1　"区域交通城市化"与"城市交通区域化"

城镇密集地区城镇空间和城镇关系发展的趋势是"城镇的区域化"和"区域的城镇化"。城镇的区域化是指城镇职能的变化，即随着区域综合交通系统的完善，区域的经济社会组织通过扩散与聚集逐步趋于一体，城镇和经济分工越来越精细，经济和社会的区域组织加强，区域职能逐步分散到区域各城镇，城镇承担的区域职能越来越多，区域空间组织上分工细化协作要求也越多。而区域的城镇化则是指空间的形态，即在城镇密集地区固有的吸引力与国家竞争型经济策略下，国家发展政策进一步向城镇密集地区倾斜，提升了城镇密集地区的经济发展机会，吸引更多的产业向城镇密集地区聚集，创造更多的就业机会，进而在城镇化中承担更大的职责，吸引更多的农村人口进入区域内的城镇，促进区域内城镇在空间和人口规模上不断扩张，城镇建设和城市功能布局突破传统的中心城区，在市域，甚至跨越市域的边界拓展，区域内出现了大量全境城镇化布局的城市，如目前在珠三角地区的多数城市就是如此，在浙江沿海和苏南地区的部分城市也是如此，城镇化在整个区域空间展开，城与郊的差别缩小。

在城镇职能和空间的区域性拓展下，区域内部的交通需求特征也发生巨大变化，传统的城郊两元模式不再适用，表现出"城市交通区域化"和"区域交通城市化"的趋势。"城市交通区域化"是指城市交通需求在构成上的变化，即在城镇职能的区域化背景下，城市交通不能再按照城市边界独善其身，区域职能的发展必将吸引大量的区域性交通进入城市，城市的公交、机动交通等都需要综合考虑其职能涵盖的腹地交通的服务，如目前的广佛地区，苏州上海地区就出现了大量的日常性跨界交通，对于区域内的中心城市更是如此，必然有大量的不能作为对外交通的区域交通进入城市地区，这部分交通在城市交通中的比例与城市承担的区域职能成正比，目前部分城市甚至占到其城市机动交通的近 20%，这些地区的中心城市交通在设施规划和管理上必须将其纳入。而"区域交通城市化"是指区域交通特征的变化，即随着城镇化在区域全境的展开和经济社会分工的细化，区域内城镇关系更加密切，一方面是长距离的交通需求大幅增长，区域交通组织也需要采用城市交通的密网络，城市的日常交通拥堵延伸到区域交通的组织上，区域交通的组织需要引入城市交通理念，如"公交优先"、拥堵管理等；另一方面是城市职能跨界，如跨界居住、就业的现象普遍，相邻城镇、中心城区与外围地区之间以通勤为主导的交通特征显现，区域交通构成趋向于城市交通，需要按照城市交通进行规划、管理和组织。

在城镇呈连绵发展态势的珠三角地区，东莞市交通调查数据充分反映出这一特征，东莞一日车辆出行总计达 35.5 万辆次，其中出行两端均在东莞市域内的仅占17%，与周边城镇交流量达 60%，过境交通占 23%，但公路交通组织仍然按照"对外交通模式"进行。同样，在区域内客运交通组织上，城市之间公路巴士的高峰密度达到 3 ～ 5 分钟，还有城际铁路等多种交通方式，而交通组织上与城镇关系还有很大距离，如广州市的居住职能已经跨入邻近的佛山地区，但区域公共交通的组织模式仍然是传统的城际交通模式。为构筑区域密切联系的轨道交通网络，该地区各城市正在进行的轨道交通网络规划都在考虑与相邻城市的衔接，但在轨道交通的运营上还没有相应的制度安排以支持轨道交通网络的区域联合运营。

长三角地区城际综合交通规划也突出了城际交通向城市交通转化的特征。区域内公路交通量增长迅速。公路方面，某些路段交通量已趋于饱和，车辆实际运行速度大大低于设计时速。2014 年沪宁高速公路最大断面流量已超过 70000 辆（标准车），堵车现象时有发生。沪杭高速公路 2013 年全线年日均车流量已超过 4 万辆。铁路方面，据上海铁路局统计,2006 年沪宁线以 6753 万人 / 公里的客流密度（双向）和 6583 万吨 / 公里的货运密度（双向）成为世界最繁忙铁路之一。目前区域内的大铁路交通已经不堪重负，尽管已经开行了部分城际列车，但依然难以满足居民出行增长需求。

4.3.2.2　城镇密集地区区域内部客货交通分布特征

城镇密集地区的形成，将促使核心城市从区域角度强化城镇间的经济联系，形成经济、市场高度一体化的发展态势，区域内城镇间的分工与协作不断深化、经济联系日益紧密。随着城镇职能的重组、旧城更新和新区拓展，产业不断外迁，旧城密集的人口开始向中心城市新的拓展区和周边城市疏解。而且，密集地区内部其他城市的城镇化进程加速推进，就业岗位不断增加，将吸引越来越多的外围农村剩余劳动力向就近的城市集中。同时，快速交通通道的建设以及出行机动化水平的提升，人口分布在一定的交通圈内趋于分散化，人们的工作距离日益扩大，一般会在中心城市与外围地区之间形成稳定的通勤流，而且城市中心的层级越高，规模越大，通勤组织的范围也就越大。

同时城镇间分工使各承担区域职能的城镇服务中心之间的商务交通迅速增加，也呈现出层级越高的城市中心吸引的区域商务交通流越大、交通组织的范围越大的特征。

运输、服务和市场三个对城镇密集地区发展影响重大的要素，决定了城镇密集地区的发展模式，同样也决定了城镇密集地区的交通需求特征。全球化下企业对低成本运输和高水平服务的趋向使城镇密集地区在交通需求上向服务中心和港口的指向明确，其中，客运交通需求形成以服务中心为核心的向心交通，而货运交通形成以枢纽港口、货源点为中心的向心交通。

20 世纪 90 年代以来，在我国经济发展水平最高的京津冀、长三角、珠三角等地区，大城市空间组织，正在从孤立发展的城市向以中心城市为核心的多城市相互交融的城镇密集地区转变，人口和产业的空间集聚也由向城市地域的"点式聚集"变为向城镇密集地区的"面式聚集"。在此过程中，现代化的交通运输系统是保证城镇密集地区实现资源整合、产业整合、土地利用整合和职能整合的重要支撑。

在本世纪初沿海地区高外向度的经济组织下，形成以服务中心与港口为指向的区域交通分布。珠三角区域交通需求分布上，香港港口作为处于世界前列的集装箱港口和香港对珠三角企业在国际市场服务、金融服务等方面的职能，以及广州作为广东省的行政中心，在信息服务、技术服务上的优势，使珠三角区域形成以香港与广州为中心的向心客运交通需求分布（国际、国内）和以香港为核心的货运交通需求分布。

在京津冀地区，金融、信息、科技等方面的优势使北京成为区域客运交通的中心（国际、国内）和国内客运交通的中心，而天津港口作为区域内的主要港口，是区域对外贸易和联系广阔市场腹地的主要设施，从而形成区域内货运交通需求以天津为中心的分布特征如表4-3、表4-4所示。

2010 年国内城镇密集地区中心城市客运量比较（单位：万人次 / 年）　　　　表 4-3

城市	航空	铁路	公路
北京	5629.95	8903.32	126129.81
上海	7213.59	6094.69	3634.00
广州	5664.00	9362.00	47296.00
天津	395.55	2654.44	21822.19

资料来源：中国城市统计年鉴（2011）。

2010 年京津货运量比较（单位：万吨 / 年）　　　　表 4-4

城市	航空	铁路	公路	水运	合计
北京	129.80	1572.00	20184.00	—	21885.80
天津	4.3	7597.00	20855.00	11912.00	40368.30

资料来源：中国城市统计年鉴（2011）。

长三角的客货运输也是如此，客运以上海为中心，而货运以上海和宁波、苏州为中心分布。

城镇密集地区交通运输以服务中心和港口为中心的向心交通特征，表明了市场服务和港口交通运输服务区域化带动了区域内城市职能的区域性分工，区域内部交通已经不能单从一个城市来考虑，必须综合考虑区域内其他城市的影响。

4.4　城镇密集地区交通服务组织与需求特征

4.4.1　城镇空间结构与交通服务组织

经济活动的空间差异是运输联系产生的经济基础。在城镇密集地区内部，城镇规模以及各城镇间的分工、专业化水平不同决定了城镇间货物运输量和客流量的大小。经济结构的差异性越大，运输交换量也相对就越大。即经济空间子结构大体相同的区域间交换的运输量较小，而经济空间子结构差异较大的区域间交换的运输量也比较大。

　　经济空间随着所反映的地区内在联系的波动和演变发生结构变动。经济空间结构处于演变中，运输布局也随之不断变化，在不同的经济发展阶段，经济空间结构与运输网的布局、运输方式的选择具有一致性。

　　不同类型空间分布的城镇体系，决定了其内部各中心城市间的相互交流的空间格局，从而对应着不同形式空间布局的区域运输网络，如图 4-28 所示。

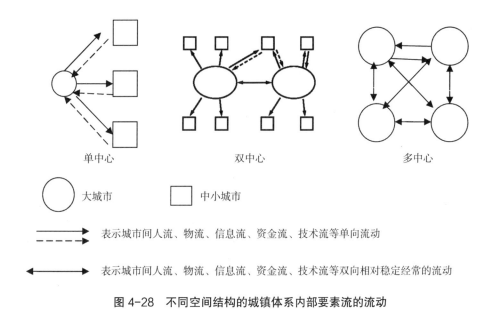

图 4-28　不同空间结构的城镇体系内部要素流的流动

　　可以看出，单核心城镇密集地区，城市间主要是垂直等级联系，这种城镇间的关系，决定了城镇间的交通运输网络布局形式主要是中心—腹地蛛网交通线网；双核心城镇密集地区，城镇间主要是水平联系及与腹地的垂直等级联系，核心城市间的交通运输网络布局主要是发达的带状综合交通运输走廊；而多中心网络化城镇密集地区，城镇间主要是横向水平联系，城镇间交通运输网络布局是以运输走廊为骨架的发达的综合交通运输网络。

　　对应于不同的交通网络布局，其运输服务组织方式也将采取不同的方式。单核心城镇密集地区以单核心为中心组织客货运交通；双核心城镇密集地区的客货运交通的组织中心将可能在两核心间进行分工，各有侧重；而多中心网络化城镇密集地区的交通组织中心也将在空间上分散布局。

4.4.2 交通需求与服务组织分析

交通运输业的发展以满足国民经济发展和人们生产生活需求为根本，并充分考虑区域发展中资源、环境对城镇、交通发展的制约。在城镇密集地区中，经济活动组织对运输网络布局的影响越来越突出，运输资源的空间配置最终围绕区域空间组织来进行，运输线路和运输流量在空间的网络状分布，要求与社会经济一切客体的活动轨迹和组织状态有同构性。

在城镇密集地区空间快速扩展阶段，交通运输发展呈现出新的运输需求不断产生又不断被满足的发展趋势。经济活动引发的运输需求规模、层次的变化推动交通运输不断发展。

罗斯托认为经济增长阶段的更替会带来主导部门次序的变化，相互联系的主导部门一起构成主导部门综合体系。主导部门综合体系通过旁侧效应和前瞻效应诱致出对交通运输的需求。部门需求的运输发展模型是基于运输需求角度来分析运输业发展的，该模型的优点是对于具体的某一部门或产业的发展提出一种对运输发展的需要，能够在具体的操作中使人们知道需要发展采用什么样的运输工具。

荣朝和详细论证了运输化理论，提出了将各种运输方式作为一个系统进行分析，从交通运输长期变化的角度刻划了交通运输与社会经济发展之间的关系。运输化理论认为运输化是工业化的重要特征之一，也是伴随工业化而发生的一种经济过程。社会经济发展可以分为前运输化、运输化、后运输化三个阶段，其中运输化阶段又可以分为初步运输化和完善运输化两个分阶段，在不同的发展阶段，由于工业化发展阶段不同，生产特点也不同，对产品的空间位移要求不一样，对运输需求也有很大区别，如表4-5所示。

工业化和运输化的关系　　　　　表4-5

运输发展阶段		工业化（经济）发展	运输需求	运输技术
前运输化		前工业化（从原始部落到游牧经济、传统农业社会、手工业和后来的工场手工业阶段）	近距离运输、货物量少，农产品和手工业品运输	帆船、马车
运输化	初步运输化	初步工业化	纺织原料、煤炭、矿石、钢铁等运输需求急剧增加，货运数量剧增	运河、铁路、公路
	完善运输化	完善工业化	多批量、高价值的运量比例上升，运输质量要求高	高速公路、航空、超级远洋货轮，集装箱
后运输化		后工业化（信息社会、知识经济）	灵活多变和及时送达运输	多式联运、综合物流

发达国家运输化分阶段对应示意如图 4-29 所示，从中可以看出运输化与工业化及运输技术进步的对应关系，图中总货运量是一条先逐渐加速增长（在初步运输化阶段），然后逐渐减速增长（在完善运输化阶段），最后在后运输化阶段基本停止增长的曲线。

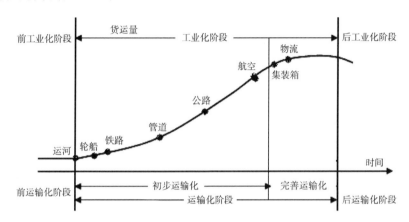

图 4-29　运输化与工业化阶段的对应示意图

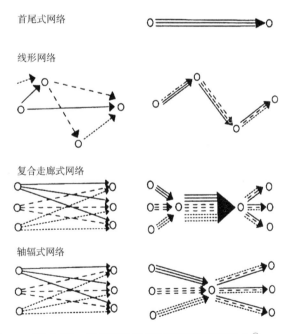

图 4-30　城镇密集地区通道网络不同形式 [①]

①　Kreutzberger，E（1999）"Promising innovation intermodal network with new-generation terminals"，project for the 4th framework programme of EU DG VII，Brussels，OTB/TRAIL，Deliverable D7.

根据城镇密集地区的不同空间特征，在交通需求与运输服务组织之间可能存在几种不同的组合关系。最简单的是起讫点之间直接的传递关系，中间没有任何介质。还有一种是线性的网络传递关系，客货运输一级一级向外传送，这两种关系在城镇密集地区内都存在，但不是主导关系。

在城镇密集地区内最常见的客货运输组织关系是复合通道聚散型网络和轴辐状网络。这两种网络适应了全球化下城镇关系逐步扁平化发展的要求，并促进了区域基础设施的共享和高效利用。

4.5 交通设施协调与区域职能共享

4.5.1 综合交通运输网络效率发挥与设施协调

城镇密集地区内部交通与城镇空间结构的协同演化关系的一致性是衡量综合交通运输网络的效率与设施协调的关键。

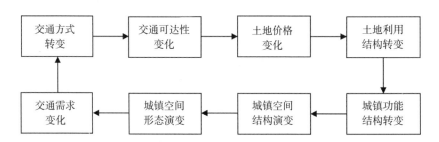

图 4-31 交通方式转变产生的城镇空间演变的连锁效应

交通与城镇密集地区空间结构演化之间相互反馈。空间结构演化从可达性方面对交通提出需求，而可达性需求是城镇密集地区交通基础设施完善的推动力量。需求是推动交通运输发展的最重要力量之一，只要存在足够的潜在需求，就会寻求满足这种需求的手段，从而促进交通的发展，使交通基础设施供给或交通服务与城镇密集地区空间结构演化所生成的交通需求达到短暂的均衡。而交通的发展则又会促进产业的集聚与扩散，使城镇规模、职能发生变化，城镇之间的专业化分工进一步深化，从而使城镇密集地区空间结构进一步演化，这种演化一般会进一步加强城镇间的空间经济联系，形成新的交通需求，并在更高的非均衡水平上形成城镇密集地区的交通约束，拉动城镇密集地区交通基础设施和交通服务的进一步发展。

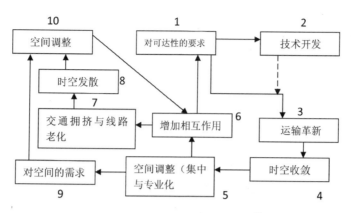

图 4-32　Janelle 时空收敛模型 [1]

从图 4-32 可以看出,城镇密集地区经济的发展使城镇之间的经济联系更加紧密,城镇间的相互作用得到加强,对城市间的可达性提出了要求(1)。

根据需求诱致交通技术发展的观点,如果存在足够大的市场,交通技术创新会带来丰厚的利润;如果市场容量很小,就不值得投入大量资本。城镇间的可达性需求会促进技术创新(2),诱致技术进步,促进交通运输的革新(3)。

由于交通运输的革新,人们克服空间分离造成的困难减小,在一定程度上空间距离对经济和人活动的影响减小(4)。

由于时空收敛的影响,用地为获得最大收益以及企业为追求规模报酬递增和专业化分工效应,会进行产业空间结构调整,形成产业集聚和分工专业化(5)。

随着产业集聚和分工专业化的发展,城镇间的商品和原材料贸易量增加,城镇间的相互作用越来越大(6),联系越来越紧密。这种经济活动会增加交通需求,造成交通拥挤(7),这也带来在一定条件下形成产业扩散(8),带来新的空间结构调整(9),而这种调整又会对城镇关系产生影响,并且对可达性提出新的需求,从而引起交通与城镇密集地区空间结构新一轮的动态演化。

从以上交通与城镇密集地区空间结构动态演化关系可以看出交通与城镇密集地区空间结构之间的冲突—协调—再冲突—再协调的演化轨迹,这也决定了交通设施和服务随着城镇经济关系的变化协同演化的必要性。

城镇密集地区交通网络演变与运输服务组织以及交通基础设施供给之间的动态关系如图 4-33 所示。随着城镇密集地区经济的发展,城镇密集区域的交通网络逐

---

① 陈秀山,张可云. 区域经济理论. 北京:商务印书馆,2003.

渐完善，与此同时，将形成组织一定范围客货运交通的城镇节点。根据节点区域客货运交通特征的差异，将形成不同服务职能的区域性交通枢纽。

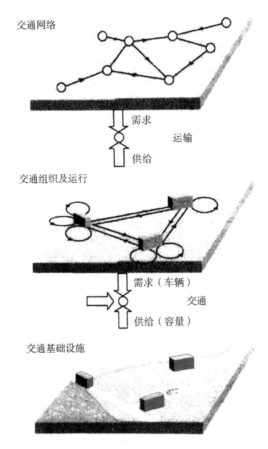

交通网络

需求

运输

供给

交通组织及运行

需求（车辆）

交通

供给（容量）

交通基础设施

图 4-33　城镇密集地区网络演变与交通设施供给关系示意 [①]

4.5.2　协调的范围与层次

　　交通设施的区域稀缺性决定了它被使用的强度和设施协调的范围与层次。从需求的选择方式看，交通设施的稀缺性程度越高，需求选择使用的可能性越大，这一交通基础设施对于城市乃至区域的价值就越高。按区域稀缺性从高到低排序，需要协调的设施是：国家和区域层面的航空枢纽、枢纽港口、高速铁路、干线公路，以及地区层面的中小型机场、港口、铁路、公路和内河航运等。因此，对于城镇密集

① Ruijgrok，C.J. Sustainable development and mobility. Delft：INRO-TNO，1992.

地区，交通设施协调的范围和层次主要在国家和区域层面的航空枢纽、枢纽港口、高速铁路和干线公路等。从上节的分析看，区域交通设施的协调主要表现在关键节点和关键运输通道的选择上。

4.5.2.1　关键交通节点（枢纽）的布局

作为城镇密集地区这个面状经济体中重要的集聚、辐射源，交通节点（枢纽）是影响区域空间结构的形成和演变的关键因素。交通节点的合理布局将有助于各类资源要素在区域中的合理集聚和有效流通。

区域对外交通的一体化趋势需要适时优化对外交通枢纽的空间布局，实现对城镇密集地区全域的服务。随着城镇密集地区的发展，核心区与周边城市的一体化程度不断提高，城镇密集地区作为一个整体的集聚优势和辐射能力逐步显现，对外交通一体化需求增强。为了实现交通资源的优化整合，对外交通枢纽的选择和布局不应按照传统思路仅从某一城市自身出发，而应当把城镇密集地区作为一个整体对待，改变传统以城市为单元进行对外交通组织的规划方法。这样不仅可以提高城镇密集地区整体的对外运输效率，而且可以避免重复建设引起的巨大浪费。为此，必须按照区域内城镇职能的区域空间分布特征，建立以空间分区为基础的区域对外交通网络，即在区域层面整体考虑对外交通基础设施的布局及其共享，实现重大交通设施服务区域化。

由于不同的货运和客运追求的目标不同，交通需求的空间指向也不同，这往往在城镇密集地区内形成指向不同的客货交通枢纽。企业对低成本运输和高水平服务的趋向使城镇密集地区在交通需求上向服务中心和港口、铁路的指向明确，其中，客运交通需求形成以服务中心为核心的向心交通，货运交通形成以枢纽港口和铁路站场为中心的向心交通。

区域交通节点（枢纽）的选址应从区域职能的高效发挥角度来考虑，并形成相应的网络，组织区域的客货运交通。在客货运服务（如市场服务、港口运输）的区域化过程中带动城市职能的区域分工。

例如，在珠三角城镇密集地区，关键的交通节点（枢纽）主要是香港—深圳和广州。香港和深圳港口已成为世界最大集装箱港口之一，同时香港对珠三角企业提供国际市场信息服务、融资等金融服务。广州作为广东省的行政中心，具有信息服务、技术服务等优势。在香港—深圳、广州等地区关键交通节点（枢纽）的作用下，珠三角区域各城镇的职能有着密切的劳动分工，如东莞、佛山、中山和珠海的产业等各有特色。

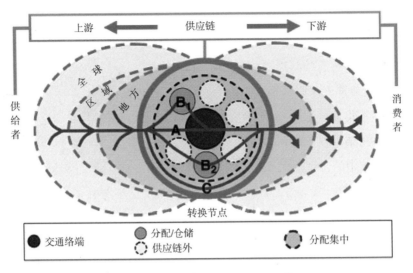

图 4-34 关键节点的空间联系 ①

同样，在京津冀城镇密集地区，北京的金融、信息、科技等方面的优势、天津的港口、中高端制造业优势、唐山的曹妃甸港口和制造业优势，使北京、天津和唐山成为区域重要的客货运交通中心（国际、国内），并带动区域内城镇的分工与合作。

长三角城镇密集地区也是如此，已形成的主要交通节点是上海、南京、杭州和宁波等地区的客货运枢纽。

4.5.2.2 关键通道的布局

从城镇密集地区空间结构变化看，工业化是按照点—轴—集聚带的顺序逐渐演进的。即大工业首先聚集在个别城市，然后沿交通干线，诸如铁路干线、公路通道、水运航道，继而向周围地区扩散，经过相当长时期的开发建设，在城镇密集地区内形成若干人口、各类城市、工业和经济活动密集的重要带状集聚区——产业带。

交通运输在点—轴—带的空间结构演化中起着重要作用，两者之间相互依存。一方面，交通运输加强了原料地、加工地和消费区三者之间的地域联系，工业的空间分布也从集中于某个地点，逐渐变为沿交通线向新的、更多的区域扩散，形成了沿交通干线分布的带状产业密集区，产业带的形成是经济较为发达的空间结构标志，也是经济技术获得进一步发展的空间结构形式。另一方面，发展轴、产业带的形成也需要建立发达的交通基础设施，特别是，重要产业带的形成需要以强大的复合交

---

① Rodrigue Jean-Paul（2004），"*Freight，Gateways and Mega-urban Regions：The Logistical Integration of the BostWash Corridor*"，Tijdschrift voor Sociale en Economische Geografie，Vol. 95，No. 2，pp. 147-161.

通运输走廊为条件。同时，随着经济水平的提高，可以有能力将更多资金投入到交通基础设施建设与服务提升中去，采用最新交通技术，提高交通设施的水平和等级，改善交通服务条件，提高区域可达性。

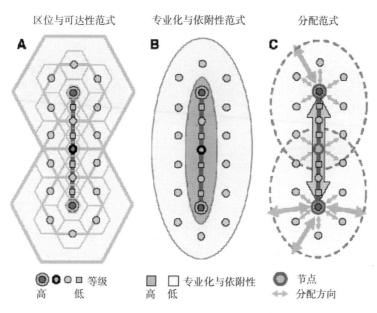

图 4-35　走廊与区域发展示意[①]

4.5.2.3　交通方式的组合

在区域交通中,对外交通较多使用的交通方式主要有:铁路(包括轨道)、道路(包括高速公路)、机场、港口（河港与海港)。区域交通方式组合便捷程度取决于区域内各种交通方式的完备度和不同交通方式之间的结合度。区域内各种交通方式越完备，各种交通方式之间的结合度越高（转换所花费的时间成本越低)，区域间交通方式的组合便捷度就越高。

在交通运输领域，每一种运输方式都有各自的技术特点，以及优势运输组织的范围。这个范围的界定，与运输工具本身的营运绩效以及运输距离有关。随着高速交通运输技术的发展和引进，原来适应中短距离的运输方式在中长距离也有了竞争优势，在 500 公里范围内出现多种运输构成方式竞争的局面，每种交通方式的市场

① Rodrigue Jean-Paul（2004), "*Freight, Gateways and Mega-urban Regions: The Logistical Integration of the BostWash Corridor*", Tijdschrift voor Sociale en Economische Geografie, Vol. 95, No. 2, pp. 147-161.

份额（互补性）由其内部服务改善和与其他交通方式的衔接决定。按照国家陆路高速交通网络的规划，在不同的距离范围内，都将出现多种交通方式间的竞争的局面。

因此，在城镇密集地区范围内如何选择城镇间的联系通道，以及通道内的方式组合也是城镇间协调的重要内容。

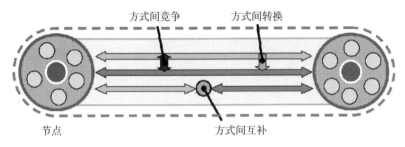

图 4-36　交通方式间的竞争、转换与互补图解

在方式的协作组合上，铁路系统作为中长距离运输的组织者是联运发展的核心。货运通过铁水联运和公铁联运分别指向不同的方向，客运通过空铁联运和公铁联运覆盖不同的空间范围。即使在方式竞争上，铁路也是核心组织者，如中长距离的高铁与航空竞争，中短距离的铁路与公路竞争。因此，在区域运输组织中，要把铁路放在对外与区域交通组织协调的核心地位。

4.5.3　区域性设施与职能共享

4.5.3.1　大型交通设施对区域空间结构的影响

大型交通基础设施，一方面是指交通基础设施在形态与规模上占据很大的空间，另一方面是指基础设施的影响范围往往超出单个城市，具有区域性的意义。

大型交通设施对区域空间结构的影响是通过区域网络的可达性来实现。根据集聚经济原理，快速交通和信息网络是未来城镇主要的联系基础设施，交通和信息可达性较高的节点和轴线地区将成为经济要素主要聚集的城市化地区，并成为区域经济活动组织的基点，促进区域城镇职能和城镇空间围绕这些基点进行一体化发展，形成城镇分工体系。

图 4-37　可达性作为交通与空间结构之间的纽带

随着经济全球化和新技术加速发展，高水平的大型交通基础设施建设往往是引导区域性职能（Regional Functional Area）聚集的有效途径。每一个大城市和城镇密集地区都认识到要在国际经济竞争中力争有利位置必须发挥大型交通设施的作用。由于大型交通基础设施往往是区际或国际运输网络中可达性高的关键节点，这些交通设施质量较高、运输服务水平较高、在世界运输网络组织中层级也较高是城镇密集地区全球化的重要载体，并且区域性交通设施分布较密集的地方通常在世界经济体系布局中也会成为重要的集聚节点。近年的发展中，国内城镇密集地区新兴的区域性职能区布局往往与大型港口、航空港城、高铁枢纽等结合在一起，成为引导区域职能布局变化的新的增长点，也作为区域空间组织调整的重要驱动力，如上海的虹桥地区围绕虹桥枢纽发展，广州、深圳、北京、郑州等空港地区的发展等都是将这些地区作为引导未来区域职能聚集的重点地区。

依据武廷海的研究，大型交通基础设施建设对区域形态的影响具有多重路径。大型交通基础设施是驱动区域形态变化的一个要素，但是大型交通基础设施与区域发展之间的关系远非筑路建桥等单纯的工程那么简单。大型交通基础设施的作用主要表现为，它既是区域空间结构的构成要素，也是区域空间结构演进的凭介。其对区域空间形态的影响至少具有两种途径：一是大型交通基础设施建设带来区域空间的结构性变化，从而促成区域空间形态的演变；二是大型交通基础设施建设引起区域可达性变化，区域地租和产业结构随之变迁，最终导致区域形态的变化。大型交通基础设施对区域形态的影响结果包括短期的建设收益和长期的可达性与竞争力的提高。比降低交通费用更重要的是，新的建设整合到区域交通网络后，区域可能出现的景象，以及采取积极的应对措施所取得的其他收益。

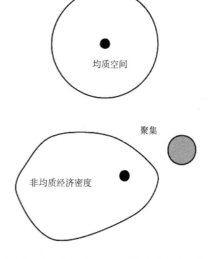

图 4-38　点状交通设施（如机场、港口）的空间影响

大型交通基础设施又可区分为点状和走廊状设施，围绕这些设施形成的职能区不同于传统意义上的城市职能区，它们更具有区域性意义，并且不同设施对区域空间结构的影响方式又有所区别。大型点状设施以及围绕其建设的集疏运网络，会对区域传统的交通组织架构形成冲击，促进区域网络的重构，

进而影响区域的空间组织，走廊状设施将经过的地区联系在一起，改变了沿线联系的时空距离，促进关联城市职能布局上的改变。大型点状和走廊状设施与地方性交通衔接的交通枢纽地区和节点地区在区域整体网络中的作用突出，一般都是城市及区域职能转型中新职能要素成长最活跃的区位。

交通基础设施影响类型   表 4-6

	临时影响	长期影响
直接影响 经由市场： 外部效应：	建设影响 环境影响	空间开发与时间节省 环境、安全等影响
间接影响 经由需求： 经由供给： 外部效应：	后续开发影响	后续开发影响
	拥挤效应	生产率和区域影响
	间接排放	间接排放等

资料来源：Jan Oosterhaven and Thijs Knaap, *Spatial economic impacts of Transport infrastructure investments*, Paper prepared for the TRANS-TALK Thematic Network, Brussels, November 6-8, 2000.

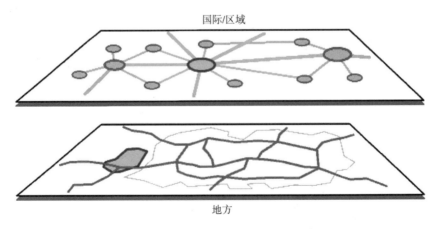

图 4-39　区域机场的空间影响尺度 [1]

---

[1]　Jean-Paul Rodrigue, Claude Comtois and Brian Slack（2009）, the Geography of Transort Systems, New York：Routledge, 2006.

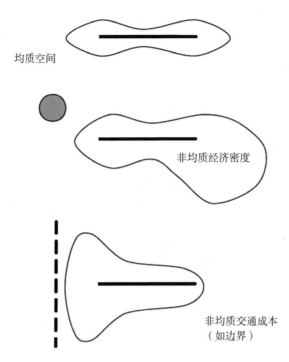

图 4-40　走廊状交通设施（铁路、公路）的空间影响示意[①]

依据前述介绍的地租理论，我们也可以分别描绘出大型点状和走廊状交通基础设施如何影响区域空间地租，并大致推导出区域空间结构的变化。

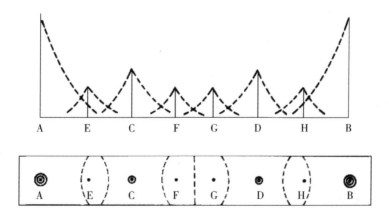

图 4-41　城镇密集地区大型交通设施建设前城市影响区域示意图

---

① Jan Oosterhaven and Thijs Knaap, *Spatial economic impacts of Transport infrastructure investments*, Paper prepared for the TRANS-TALK Thematic Network, Brussels, November 6-8, 2000.

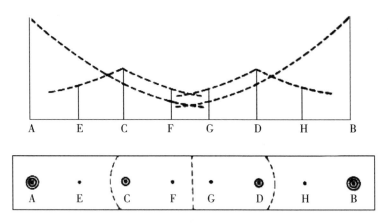

图 4-42　大型交通设施（如高速公路、铁路）对区域空间的影响

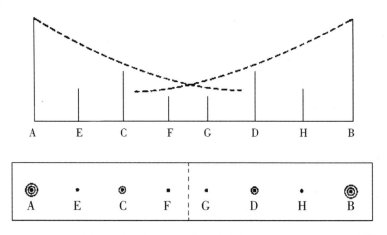

图 4-43　大型交通设施（如机场、高速铁路车站）对区域空间的影响 [1]

　　由于大型交通设施对区域空间结构具有重大影响，因此，区域性大型交通设施的建设必须与区域长远的空间发展目标相协调。

4.5.3.2　大型交通设施在区域职能整合中的作用

　　区域职能整合需要通过区域产业结构的调整来实现，而产业结构的调整又是通过新企业的选址和既有企业的重新布局这一动态过程来实现的，实际上这一过程与区域分工和专业化的形成密不可分。因此，可以将区域职能整合、产业结构调整，进而区域分工和专业化的形成，看作是区域内企业对交通可达性的变化作出反应而

---

[1]　根据 Edward J. Taaffe and Howard L. Gauthier，*Geography of Transportation*，Prentice-hall，INC.，Englewood Cliffs，N.J.，1973 相关内容整理.

自发演进的结果。

　　一个成熟的城镇密集地区不仅有发达的铁路、公路、水运和通信网络将大小城市连为一体，而且还通过现代化的海港、国际航空港与其他地区发生密切联系，参与国际分工。

　　按照新经济地理学的观点，运输成本不但是市场一体化的反应，而且对地区专业化、产业集聚来说始终是外生的。报酬递增与运输成本结合起来，制造业厂商总是选择最接近于大市场空间的某一点进行制成品生产，当许多厂商都抱有相同的决策时，"空间外部性"或称"产业集聚的正外部性"就被创造出来了。在这种情况下，由运输成本下降引起的产业集聚向心力导致一个具备初步制造业优势的地区可以通过累积循环机制将这一优势逐渐放大和巩固，这一地区的产业平均集中率、地区间专业化指数与地区相对专业化指数都处于极高的水平。因此，伴随着运输成本的最初降低，地区的产业集聚现象发生，极化效应开始显现。

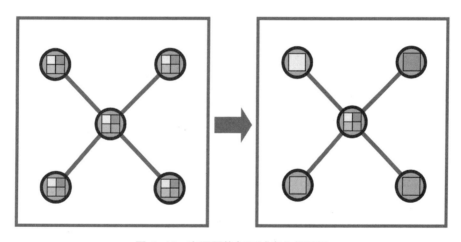

图 4-44　交通网络与区域专业化图解

　　如果交通运输业进一步发展，制度进一步完善，城镇密集地区的一体化水平推进到很高的水平，由于制造业规模报酬递增特性，某一产业将集中在一个地区生产来满足其他地区对该产品的需求，相应地别的地区也专注于另一种产品的生产，各地区都实现了有差异的产品生产，从而出现了近似的地区专业化，此时单个产业的集中度与地区专业化水平都处于很高的水平。

　　交通运输与城镇密集地区分工和专业化发展演化，进而城镇职能重整之间的关系总结如下：

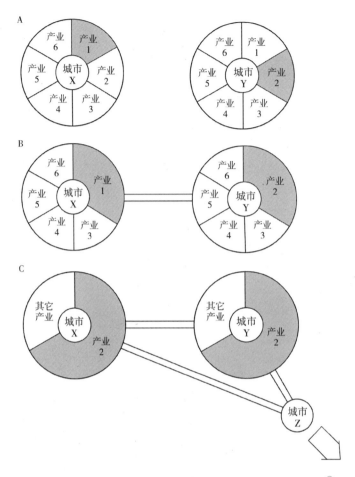

图4-45　城镇密集地区内城镇产业间的分工形成过程图解 [①]

在城镇密集地区发展的初始阶段，由于交通运输极不发达，各城镇独立发展，城镇间的联系很少，没有形成专业化的分工合作，城镇间的分工水平极低；在交通运输发展到一定程度之后，各城镇之间发现专业化带来的规模报酬递增能弥补分工带来的包括运输成本在内的交易成本的增加，此时，由于制造业刚处于起步阶段，通过循环累积机制的作用，部分具有区位优势的城市将成为产业集聚地，城镇密集地区内的分工专业化水平提高；当城镇密集地区的交通将一体化推向高级阶段时，由于产业集聚的拥挤效应的出现，此时制造业会开始出现梯度转移和分工协作；随着交通的进一步发展以及制度的完善，城镇密集地区的一体化水平会达到很高程度，

---

① Edward J. Taaffe and Howard L. Gauthier. *Geography of Transportation*, Prentice-hall, INC., Englewood Cliffs, N.J., 1973.

此时城镇密集地区内各城镇之间的职能分工比较明确，各城镇都会基于自身的优势专注于少数产品的生产，城镇密集地区的专业化分工水平进一步发展，值得注意的是，此时的分工有可能是产业内分工，如果以产业部门的产值或就业来度量分工水平，则反而从数值上表现为分工水平下降。

因此，随着交通可达性的发展，各城镇间的分工和专业化程度越深，原先对某一产业具有相对优势的区域，其在该产业的相对优势会逐步扩大，生产规模也逐步扩张，而原先处于劣势的区域将被逐步退出该产业的生产。随着这一过程在多个产业部门的发展，一段时间后，区域的产业结构也将发生相应变化，进而区域职能也重新整合。

Kim（1995）、Gordon（1998）、Meyer（1983）发现，在美国的地区经济发展史上，在一体化发展的前期阶段，即在19世纪末20世纪初，随着以铁路、运河为主要内容的交通建设的展开，美国制造业主要集中在东北地区、大西洋沿岸中部和以五大湖为中心的中西部地区，此时地区专业化水平处于较高水平；但随着一体化的更进一步推进，20世纪中期以后，美国制造业迅速向西部地区、南部地区扩散开来，专业化水平急速下降。

这些事实揭示了一个已被理论证明了的经验规则（Puiita，Krugman，and Venables，1999），即区域一体化水平从低级阶段向中级阶段挺进时，产业的地区集中率是上升的；而区域一体化从中级阶段向高级阶段挺进时，产业的地区集中率是下降的，即新经济地理学所谓的著名倒"U"字形曲线。

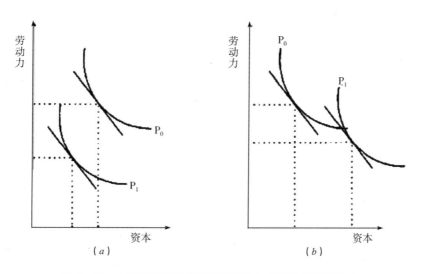

图 4-46　交通基础设施改善前后劳动力与资本分配的变化
（a）劳动力和资本需求减少；（b）劳动力需求减少，资本需求增加

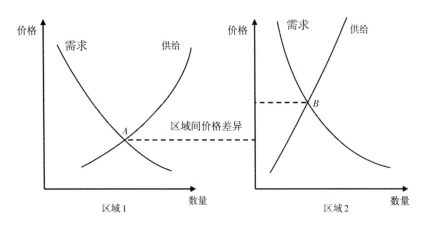

图 4-47　两区域间的供给与需求 ①

从以上分析可以看出，随着交通可达性改善，不同区域间将会出现专业化，同一种产业将呈现集聚分布的状态，而且运输成本与产业规模比例比较大的产业将集中在人口数量比较大的地区，也就是市场规模比较大的地区。为此，城镇密集地区内各城镇应从自身比较优势和竞争力出发，通过竞争实现整合，逐步形成以分工协作为基础的区域性城市网络和产业网络，进而逐步形成整体优势与竞争力。

当然，也要认识到，城镇的职能定位一方面取决于自然地理因素，同时更重要的是市场潜力。古典经济学的分工理论认为，分工与市场规模之间存在一种相互促进的关系。新兴古典经济学者杨小凯和张永生将杨格（Yong）思想总结为"杨格定理"的逻辑是：不但市场大小决定分工程度，而且市场大小受分工程度的制约，分工演进具有自组织的特征。即：

市场规模扩大→专业化分工↑→市场规模继续扩大→专业化分工↑

因此，超越地理因素的极限或超越市场潜力上限，都不可能形成有效的城市职能，只会在短期内打破区域空间结构的稳定性和合理性。尤其是一些大型的交通基础设施项目，在市场规模条件不具备的情况下，很容易造成对经济发展和城市地位提升具有很大促进作用的假象，在城市政府分治的模式下，这种交通基础设施投资的冲动和竞赛已明显加剧了区域服务业布局同构、城市职能同构和区域内的不合理竞争。

---

① 　Joost Buurman，Piet Rietveld. *Transport Infrastructure and Industrial Location：The Case of Thailand.* RURDS，1999，11（1）.

4.5.3.3　共享设施特征及分析方法

1. 共享设施特征

区域性交通基础设施的特征具有自然性和社会性两个方面。其自然特征主要表现为系统性、长期性、间接性、共享性、可规划性。系统性体现在各项基础设施既互相独立又互相依存，是城镇密集地区发展的基础；基础设施建设一般投资规模高、建设难度较大，施工周期、效益回报期较长；投资效益往往分散体现在其服务对象的效益上，表现为用户效益的增长，具有间接性特征；共享性表明基础设施所提供的产品和服务一般不能独占，是城镇密集地区公共服务的一部分，共同使用；区域性基础设施建设体现了城镇密集地区的整体发展要求，在统一规划下有序建设，避免盲目。上述五大特征决定了城镇密集地区大型交通基础设施项目属于公共物品和准公共物品，是政府政策可以发挥重要作用的领域。

共享交通设施的主要社会特征是在改善区域可达性的同时，注重区域结构上的整体性，职能上的一致性。韦伯等认为，可达性是社会实体之间不断重现的关系，不仅体现在人员、物资的交流中，还体现在无形信息的交换中，各种活动的区位选择，是由它们之间的相互作用所决定的。个体、群体、企业和社会团体之间存在着相互依赖、相互作用的关系，这一关系像看不见的纽带，将各种要素结合成密切协作的系统。这种观点较好地道出了可达性的特点，也是共享交通设施的主要特征。

总之，具有密度大、联结度高、交通网络完善的区域的可达性较高，区域内外联系密切，自身发展能力强，获得的外部发展机会多，发展潜力大。

因此，对于大型交通设施，为了给区域内各城镇提供高可达性的交通服务，对区域整体结构和职能产生的影响越大，其区域共享要求程度越高。按此特征以及大型设施的交通组织特征，区域大型交通设施共享重点依次是航空、港口、高速铁路站点、普通铁路、高速公路、普通公路等。

2. 分析方法

实质上，交通是一个网络。在多数情况下讨论较多的是网络对需求面的影响。随着网络使用者的增加，网络服务的价值也得到提升，而且还不用增加额外的成本，因为新旧使用者对新的区位都有了更大的可达性。根据梅特卡夫法则（*Metcalfe's Law*），由规模为 n 的交通网络提供给消费者的服务价值大致与 n 的平方成正比。交通网络的拥挤性决定了在交通网络中不仅仅可达到的节点数目是重要的，更加重要的是连接这些节点的区域数目和区域的规模和职能。因此，网络特征是分析交通设施价值的最本质内容。

一般地，我们可以采用下面因果关联的"潜力"分析法：

交通基础设施变化 → 出行时间和成本改变 → 区域可达性改变（在实践中区域的"潜力"发生变化）→ 区域竞争优势改变（在实践中是相关研究地区在区域总"潜力"中的份额变化）→ 经济活动在空间内的成长和再分配

虽然该方法的因果关联结构不是很强，但我们认为，在预测新交通设施对空间经济的影响时，这是一个利用成本—效益分析的最佳方法。

我们可以用一个框架来分析交通设施与空间发展之间的关系。交通通过缩短距离和提高运行速度，从而减少燃料、资本和劳动成本对总体运输成本产生影响（关系 1）。这些变化将对交通的方式选择、路径选择、出行时间的选择，以及每一个分区出行的产生和吸引产生影响（关系 2）。

由于运输成本的降低，加之家庭和企业出行行为的变化将导致区域生产率的上升（关系 3 和 4）。

对于运输企业和较依赖运输的企业，一般来说，运输基础设施质量的提升意味着提供与以前一样的服务水平仅需要更少的人员和车辆，即私人资本和劳动成本由公共成本所取代。私人资本和劳动成本的减少将依序导致交通依赖的生产方式更加发展（例如增加配送的频率或者扩大市场范围）。交通设施改善的另一方面的影响是通过降低某一特定路径的拥挤概率产生一种更加可靠的交通方式，这也将通过平均出行时间和方差的降低对生产率产生有益影响。正如库存规模的减少一样，更高的可靠性有助于减少生产过程的延误。

交通设施改善将影响劳动力市场的职能，由于人们将能够在不变换住处的情况下到更大的范围去工作。也就是说，交通基础设施的改善将导致区域劳动力市场的变化，比如产生长距离的通勤交通。

总体运输成本的降低将导致区域可达性的改善（关系 5），这可以从下面的关系式清楚地观察到。

$$B_i = a \sum_j M_j f(c_{ij}) \tag{4-1}$$

其中：M_j 代表区域 j 的集合（如人口），$f(c_{ij})$ 是一个依赖区域 i 和区域 j 之间交通成本的衰减函数。由于每一种类型的活动有它自身的距离衰减类型和它自身的相关变量，每个人可以计算出某一区域的多个可达性指标。

区域生产率的提升和可达性的改善将导致经济活动和人口的扩大与再定位（关系 6 和 7）。应该注意的是，理论并不能保证人口和经济活动的再定位一定会给就业和人口带来积极影响。相反，运输成本的降低将导致更加激烈的竞争，这可能伤害生产主要为本地所需求的产业。如此负面影响发生的范围也主要集中于跨区域的交通设施。

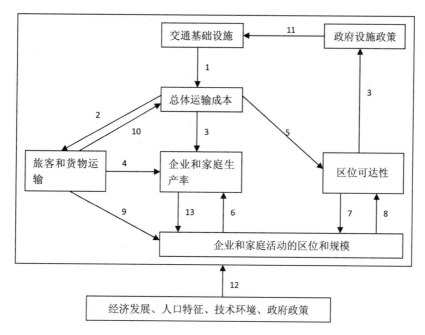

图 4-48　交通设施与区域空间关系的发展图解 [①]

与此同时，一些反馈的过程也会发生。首先的反馈过程是，企业和家庭经济活动的再定位能导致可达性的变化（关系 8），也能改变经济的规模（关系 13）。相似地，经济活动区位的变化也将引起交通系统的变化（关系 9），因而在拥挤状态下引起总体运输成本的变化（关系 10）。

而且，由于政府供给交通设施的目的是改变运输系统，因此，运输基础设施并不全部是外生的（关系 11）。交通基础设施的政策可能在于将区域内各分区的可达性维持在合理的水平。为解决成长较快分区的拥挤，更多的设施可能会提供给这些分区。这将导致一个因果问题，即基础设施的改善，既是某些区域经济发展的原因，也是发展的结果。

---

① 　Piet Rietveld. *Spatial economic impacts of transport infrastructure supply*，Transportation Research A，1994，28（4）.

另外，还需考虑人口特征、技术和总体经济发展这些变量（关系 12）。应该说，基础设施对空间经济发展的影响取决于对这些变量的广泛考虑。例如，经济发展较快时企业的扩张和再定位也会更多。

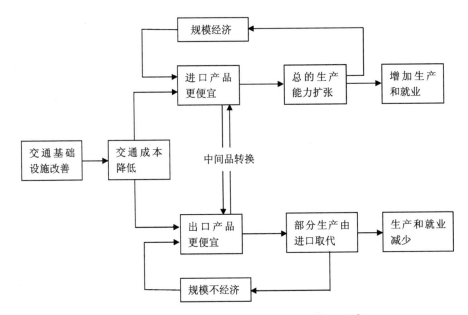

图 4-49　交通设施改善对区位经济活动的影响 [1]

①　Joost Buurman and Piet Rietveld，*Transport Infrastructure and Industrial Location*：The Case of Thailand，RURDS Vol. 11. No.1，March 1999.

第5章
城镇密集地区规划方法研究

5.1 空间尺度和规划重点

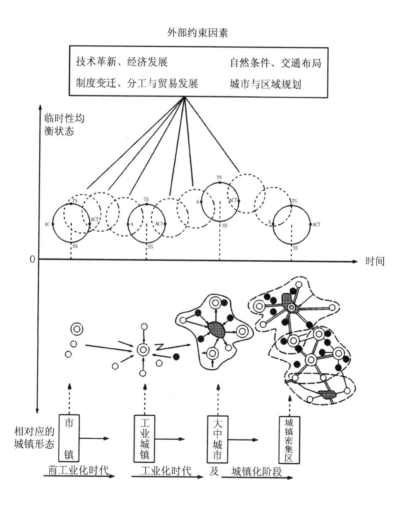

注：TS——交通流量分布；AC——通达性；SS——空间结构；ACT——城市活动

图 5-1 城市聚集与区域空间形态的演化过程

在我国传统规划方法中，"城市"是基本的分析对象。城市行政区由于与数据统计、投资管理的界线一致，在规划中被作为规划的边界广泛使用。在城市行政区划越来越大、城市的职能逐步区域化和多中心分布的情况下，区域中大城市内部分化成为若干区域职能、服务范围各异的功能区。区域实际组织成为基于功能区的组织，功能区成为多中心城镇密集地区的经济和空间组织的单元，规划分析城镇密集地区需要从功能区出发才能揭示区域经济和空间的组织的实质。

由于城镇密集地区连绵发展，传统意义上的按照城市边界界定城市职能的做法不再有指导意义。而出于行政管理权限的约束，目前城镇密集地区的城市规划、区域规划和各类专业规划仍沿用传统的城市职能界定方法。但在城镇密集地区，城市不再是传统意义上的一个"城市"，城市各组成部分都按照其在区域中承担的功能运行和联系。城市的生产、生活组织在区域或都市区的范围内进行，作为反映城镇关系的交通系统的布局和组织，传统以中心城市为核心划分内部和对外交通的规划模式和交通组织已经不能适应新的城镇关系发展需要。

交通组织事权和实际经济、社会活动组织的错位，使规划是按照实际的活动组织，还是按照事权界限进行，成为城镇密集地区城市和区域交通规划的焦点。这种矛盾源于传统的规划、建设和管理在事权范围内的一体化流程，而在城镇密集地区需要的则是规划、运营和建设管理的分离，规划和运营能够超越城市事权的范围，按照实际的市场活动组织进行，通过协调进行建设行动，形成统一规划、协调行动的规划模式。

不同城镇密集地区尺度差异大。在城市群层面，2007年建设部划定的长三角城镇群规划范围包含江苏、浙江、安徽和上海三省一市的地域范围，国土面积35万平方公里，占全国的3.6%；而作为经济区意义的珠江三角洲（不包括港澳）区域总面积4.17万平方公里。这些城镇密集地区的空间组织上都包含了都市区和都市圈不同层面。

都市圈主要是围绕核心城市主要的产业和经济组织的范围。不同产业发展阶段的地区，由于城镇的产业分工差异，都市圈的范围相差很大。就中国而言，一般东中部都市圈交通联系条件较好，产业分工细，城镇联系比较紧密，而西部都市圈则相对松散。如珠三角9个城市在上版规划中被划分为三大都市圈，即广佛肇、深莞惠、江中珠，都市圈内城镇发展连绵。而中西部地区的中原城镇群、长株潭和成渝城镇群等则相对比较松散，城镇之间的联系尚不紧密。

都市区则为城镇日常功能组织的范围，都市区内交通以通勤交通组织为中心，如大杭州都市区由杭州中心城区与邻近的县市构成。

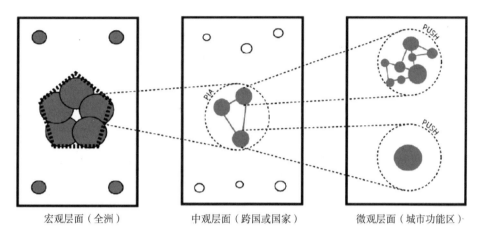

宏观层面（全洲）　　　中观层面（跨国或国家）　　　微观层面（城市功能区）

图 5-2　不同层次空间结构尺度表述差异

因此，对于不同空间尺度的城镇密集地区，其规划内容和重点可以归纳如下：

（1）在国土层面，国家以城镇密集地区或都市圈为分析对象，以确定巨型复合交通走廊为重点。

（2）在城镇密集地区层面，以都市圈或都市区和功能区为主要分析对象，除分析巨型交通走廊在密集地区内的布局外，重点要分析都市圈或都市区之间的联系通道，以及与其内部功能区之间的关系，构建都市区层面各功能区对外和各区之间交通联系通道。

（3）在都市圈层面，功能区是主要的分析对象，城市与区域联系通道均需要以功能区为基础进行构建。

不同空间层次规划内容和重点　　　　表 5-1

空间层次	多中心性	规划主要考虑内容	规划重点
宏观层面	国家之间（如欧盟27国）、国家内（如美国东部）	全球经济、都市圈	区域协调、巨型复合通道
中观层面	都市圈之间	都市圈、城市功能区	巨型复合通道、一级网络
微观层面	区域内、功能区之间	城市功能区	一、二级网络
城市层面	城市内、功能区内	城市中心和次中心	二级网络

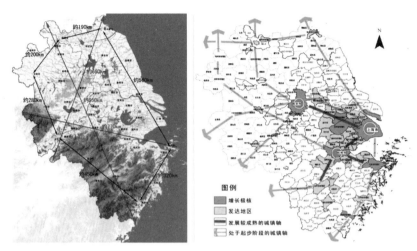

图5-3　长江三角洲地区空间尺度和主要走廊示意

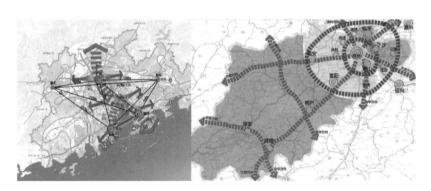

图5-4　珠江三角洲和杭州市域城镇密集地区空间尺度和主要走廊示意

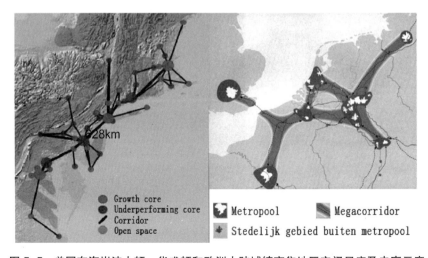

图5-5　美国东海岸波士顿—华盛顿和欧洲大陆城镇密集地区空间尺度及走廊示意

5.2　城镇密集地区综合交通规划

5.2.1　规划的目标与原则

城镇密集地区交通网络布局不仅仅考虑交通需求，还要为社会经济的可持续发展提供基础支撑条件，偏重于对区内各城市发展的指引、协调。城镇密集地区交通规划的主要目标包括：建立合理有效的综合运输体系，为经济发展奠定物质基础和创造良好的外部条件；实现综合交通系统与区域经济发展的有效协调；达到各种运输方式的优势互补、协调发展；引导城镇密集地区空间结构的有序演变，充分发挥集聚与扩散作用；打破行政和行业界限，努力在不均衡战略中创造协调发展的条件。

城镇密集地区交通系统的规划与布局要充分考虑以下原则：

（1）交通系统的布局要能够促进和加强城镇密集地区内大型交通设施的区域共享。

（2）按照城镇密集地区内城镇的职能和分工，以及对区域发展的影响，合理安排和布局国家、地区、城市等不同等级的交通设施。

（3）国家干线网络布局要符合城镇密集地区各大都市对外经济辐射的要求，在区域内形成以大都市为中心的经济体系。

（4）城镇密集地区内交通网络的布局要为区域内不同地理位置的城市提供相对均衡的发展机会。

（5）区域快速交通网络的布局以加强区域服务中心之间的联系和城镇协调发展为原则。

（6）交通系统的布局要充分发挥区域内重要城市和功能区的辐射作用，并促进区域的各功能地区承担的区域服务的职能发挥。

同时，城镇密集地区规划作为国家和城市规划的中间层次规划，在规划中还需要考虑与上下位规划的协调，保障规划内容的实施。一方面，要服从国家综合交通规划及国家层面相关宏观规划，落实国家级运输通道在区域内的布局，合理确定运输通道线路走向，加强规划区域与周边地区的交通联系，引导和支撑国土开发及区域空间可持续发展，推动区域一体化进程，提升规划区域在国家层面的交通区位；另一方面，区域网络与都市区网络紧密衔接，有效扩大综合运输通道服务覆盖面，使得区域内更多地区享有更便捷、多样、低成本的运输服务。此外，城镇密集地区经济社会活动密度高，交通需求大，还必须考虑发展的约束。在资源环境约束下，充分发挥不同交通运输方式的优势，满足区域经济社会发展的内外运输需求。

同时，按照前面的分析，城镇密集地区空间布局、城市间以及功能区间的职能分工以及产业集聚规模都将随着交通系统布局发生改变，因此，城镇密集地区交通规划必须考虑这种反馈关系，使交通与空间结构协同发展，特别是目前我国城镇密集地区仍处在空间结构的塑造与形成时期，交通与空间的协同更为重要。

5.2.2 城镇密集地区不同发展时期的规划重点

城镇密集地区规划与城市规划一样，在不同时期的规划重点也有差异。在城镇密集地区发展的初期，综合交通的重点是根据城镇的空间组织，判断城镇关系，识别区域的新型走廊，对主要的综合交通设施布局提出规划要求，属于传统的空间规划内容。国内在本世纪初，以及以前完成的各城镇密集地区的规划基本上都是以此为重点，在规划中基于城镇密集地区的空间发展设想，在规划中根据新型走廊的布局提出了综合交通网络结构调整的规划设想，如长三角的规划中打破了区域内传统的"之"字走廊，在沿海、跨长江、跨杭州湾，以及与内陆地区的联系上构建了新的通道；珠三角规划则对跨珠江口、两岸各自的南北联系，以及与香港联系等构建了新的通道。这一时期的规划重在通过综合交通网络结构调整达到对空间结构、城镇关系发展、区域产业组织的引导。

随着城镇密集地区综合交通系统的快速发展，以新型走廊构建引导区域空间组织的规划余地越来越小，区域综合交通规划进入新的阶段，区域交通服务、交通运行和组织的机制规划成为重点，区域综合交通关注的单元也逐步由宏观的都市区向功能区转移。如目前开始的新一轮区域规划，部分城镇密集地区在以往规划中提出的新型走廊布局已经基本完成，或正在逐步形成过程中，综合交通规划对空间和产业组织的影响不再是对网络空间结构的改造，而变成对网络服务的规划，通过服务对交通成本的影响来影响空间和产业的组织。

5.2.3 交通设施层次划分

5.2.3.1 对外交通与区域交通

随着城镇密集地区的发展，城镇关系的改变和承担区域职能的功能区发育，使传统的以一个独立的城市为中心考虑对外交通系统布局的规划在城镇密集地区越来越找不到着力点。一是部分对外交通设施所承担的交通特征正在逐步向城市交通转变，或者已经承担城市交通功能；二是城镇关系越来越密切，作为城市对外交通联系的设施区域共享的要求提高，应成为区域共享的重要设施，需要综合考虑城镇密集地区各城镇对外联系的组织而进行布局，三是部分对外交通设施演变为承担区域城镇联系交通的设施，承担的交通需求与传统的对外交通对交通组织的要求差异很大。因此，在城镇密集地区把城市视为节点，城市以外交通联系（包括区域交通和区域对外交通）视为对外交通联系的规划和建设模式，在城镇密集地区已经不再适应。

就城镇密集地区城镇对外联系的交通而言，区别于独立发展的城镇，其对外联系的交通分为两种特征的交通，一种是与国内其他区域联系的真正的"对外交通"，另一种是城镇与区域内其他城镇长距离联系的"区域交通"，其交通以各种区域职能之间的活动交换为主导，活动频率高，交通量大，具有明显的早晚高峰。两种交通在运行特征、活动频率、对运输服务的要求都差异巨大。因有充足的交通需求作支撑，在城镇密集地区需要将区域交通与真正的对外交通区别开来，作为两类设施分别进行规划与建设，避免在运行组织上的相互干扰。

由于紧密的城镇关系，在区域共享上，对于对外交通组织枢纽类设施需要建立覆盖区域腹地的集疏运网络，而非只考虑属地城市。机场、港口、重要的铁路站等设施要建立与其功能和服务范围相对应的区域集疏运网络，如北京、上海、广州的机场承担整个区域甚至更大范围的国际联系职能，就需要区域的快速轨道交通、高速公路乃至国家高铁系统接入。对于重要的对外交通走廊要打破目前以传统城市为起终点的布局，综合考虑与区域内其他重要的功能地区衔接。如传统的京沪走廊，作为联系两大城镇密集地区的通道而非京沪两地，在城镇密集地区内要综合考虑天津、杭州等地区的联系需求。国家干线重点强调的是区域之间的联系，以及沿海与内陆区域的共同发展。

区域联系交通重点是区域内都市区和各功能区之间的交通联系。区域联系交通在交通需求、运行特征和服务要求上介于城市交通与对外交通之间，出行距离长、服务要求高，是目前城镇密集地区发展打破城乡二元模式的新型城镇关系的体现。不同的空间组织和城镇关系下的城镇密集地区区域交通的特征差异很大，在城镇连绵发展的珠三角地区区域联系更接近于城市交通，而在城镇之间尚不紧密的京津冀，区域联系则更接近于传统的对外交通组织。

在目前国家各类综合交通规划中，区域交通的概念还不明确，基本上还在沿用传统的以城市为节点、城乡二元的规划理念。如铁路系统规划中，提出了"城际轨道交通"的概念，作为区域联系交通的骨干网络，但目前城际交通的规划仍然以城市节点为主导，对都市区和城镇关系的考虑尚不明确，而且对于所承担的交通特征的考虑也缺乏界定。在公路交通系统中，还没有明确适应于区域交通组织的设施标准。

5.2.3.2 区域交通设施的层次

城镇密集地区交通以"区域城市化"和"城市区域化"为背景，从区域的角度，需要按照区域"对外交通"、"区域内部交通"、"城市交通"三个层次划分与组织，改变传统交通规划中交通系统划分为城市与城际联系的规划模式，并根据交通方式的运行特征，充分发挥不同交通方式的优势，在建设和运营上实现区域交通网络的一体化。

随着区域交通设施、城市中长距离交通组织设施的建设，城市交通系统在功能层次和网络结构上发生很大变化。一方面，城市交通系统的功能层次更加丰富，组织也更加复杂，城市交通出行的离散更加明显，不同层次交通服务标准更加细致和排他，在新的系统中，原有平均主义下宽响应的交通服务组织方式由于相互干扰造成更严重的效率低下，交通衔接和交通转换组织在系统中的作用变得更加重要。另一方面，不同层次的空间结构和城市职能重叠，交通网络要反映不同层次空间和城市职能之间的关系，网络构造将更加复杂，交通网络的结构需要从区域、都市区、城市功能区等不同层次空间组织出发进行规划，原有以单一城市整体空间为依据进行区域交通、城市交通网络构造的规划方法已不再适用。

由于区域交通加入到城市交通系统中，使城镇密集地区承担高机动性的交通层次增多，形成区域、都市区、中心城区（或城市功能组团）三级高机动性联系交通网络与本地交通网络，三个高机动性层次的交通网络既相对独立，自成系统，又相互补充，通过综合交通枢纽或者集散设施实现相互间的衔接。如北京、上海等特大城市编制的市域层面交通规划，该层级介于承担长距离交通的大区域间的国家交通网络与承担短距离交通的城市交通网络之间，在运营组织、运行机动性、交通流特征等方面也介于两者之间，是目前区域交通规划中的重点内容，也是一体化中考虑的核心。

城镇密集地区内区域性联系交通网络主要承担区域共享的对外交通设施、区域内都市区之间的长距离、高快速交通联系，如高速城际轨道交通和区域干线高速公路系统；都市区层次的联系交通网络主要承担都市区中心与次中心、都市区主要对外交通设施，以及都市区主要发展地区之间中长距离的快速交通联系，如城市轨道快线、准高速功能的城市高快速道路；中心城区联系交通设施主要承担中心城市内部，以及反映城市功能区空间组织的设施，如城市轨道交通、快速公交、城市干路系统等。区域各层级快速交通系统与功能如表5-2所示。

城镇密集地区交通设施等级划分　　　　　　　　　　　　　　　表 5-2

交通方式	交通设施	职能
航空	航空门户	承担区域与国外以及国内主要地区的长距离客运联系
	航空枢纽	承担与国内、世界其他地区的长距离联系，以及与腹地之间的中、短程航空联系
	支线航空	承担与临近地区之间短距离的航空联系
铁路	高速国铁	承担门户枢纽、主要服务中心与国内其他地区高服务水平陆路客货运联系
	普通国铁	承担与经济腹地和国内其他地区之间普通服务水平联系
	地方铁路	承担区域内部主要客货运枢纽与腹地之间的联系
快速道路	干线高速公路	承担门户枢纽港与国内其他地区，区域内服务中心之间交通联系
	内部高速公路	承担区域内一般都市之间、核心区内部主要节点快速联系
	城市主要快速路	承担都市区内部、相邻城市之间、组团之间的快速联系
区域与城市轨道交通	区域高速轨道交通	承担区域内都市区之间，主要门户客运枢纽之间高服务水平、长距离的客运联系
	区域快速轨道交通	承担区域内都市区内部、交通枢纽之间的中长距离客运联系
	城市轨道交通	承担城市内部以及相邻城市之间短距离的客运联系
港口	门户枢纽港口	承担区域与国内其他地区、区域与世界各地的远距离、大运量的区域对外货运交通联系
	枢纽港口	承担与国内其他地区，以及部分与国外的货运交通联系
	支线港口	承担门户枢纽港口喂给、短距离的货运交通

5.2.4　区域交通走廊发展

城镇密集地区的综合交通走廊随区域空间的演变在不断发展丰富，区域综合交通骨干网络的结构也变得越来越复杂。从走廊的功能发展看，城镇密集地区新交通走廊的发展主要有两个阶段：一是国家层次走廊的扩容与提升，二是区域走廊从国家走廊中分离出来，逐步形成网络化的区域联系网络。

在城镇密集地区发展的初期，区域内的综合交通走廊往往只有少数的国家走廊承担区域对外和区域内部主导方向的交通运输，随着区域经济和城镇联系规模扩大，国家走廊上的运输组织开始变得拥挤，规划尝试寻找新的走廊，以及区域对运输效率提高的要求，提出国家走廊升级，对国家走廊进行扩容，提高城镇密集地区对外和内部的运输效率。如在国家主要铁路运输走廊上，随着客运专线的建设，干线走廊客货分线，实现原有的国家铁路走廊扩能。在这一阶段的综合交通走廊发展中，也会出现新的联系方向，原来不是很便捷的联系方向随着交通运输需求的提高，将建设新的走廊，提高区域对外联系辐射的范围和运输效率。但在这一发展阶段国家级对外走廊仍然承担了大量的区域内部城镇间的联系需求，是区域内联系的主导设施。

随着区域内部的城镇关系更加密切，区域内部联系需求迅速提高，利用国家走廊兼顾区域内部联系的交通组织模式使两者之间的干扰越来越大，国家走廊在区域内部开始变得拥挤，使对外与内部运输组织效率均下降，区域内部走廊需要与国家走廊分离，在区域内重要的联系方向建立新的走廊，形成区域内部的联系标准，提高国家走廊和区域走廊各自的效率，满足区域交通运输需求的快速增长。这一时期是区域走廊大规模扩张的时期，奠定区域空间网络化的基础。如珠三角广深铁路走廊，就是京深铁路走廊在广深联系需求快速增长的情况下，建设广深城际，将区域内部交通联系从国家铁路走廊分离出来。

每一个阶段新走廊的规划，都涉及新走廊的线路选择，这对于区域内的城镇而言，外部或是改变了区域内城镇的空间关系，内部或是改变了原有城镇的空间结构，进而影响到区域空间的组织。总之每一次新走廊的规划都会引起区域内城镇空间组织的一次大的调整。

5.2.5 区域运输通道规划常用分析方法简介

区域交通网络定量分析方法可采用四阶段交通分析模型，但四阶段交通模型的建立对数据需求大，采集比较困难，而重要度法和交通区位分析法因模型简单，数据采集容易，在区域交通分析中应用广泛。传统上这些模型主要采取以城市为节点的分析方法，通过增加区域内功能组团、共享设施作为节点，可使模型更加适应城镇密集地区的发展。这里主要对后两种方法作一简单介绍。

5.2.5.1 重要度法

重要度法从对区域内节点分析入手，通过节点重要度、路线重要度的分析，完成交通网络由点到线、由线到面布局的分析，符合区域经济学中以点带面，逐层辐射的经济发展规律。其具体过程如下：

首先，选择节点，计算节点重要度的大小。通常采用几个指标的线性加权值，根据交通节点的特征，可能是城市、资源点、大型工业厂矿，纳入重要度衡量的指标可以是人口、国内生产总值等。重要度是对区域内各节点相对重要性的一种综合量度。重要度越高，说明该区域的生产潜力越大，将是未来主要的交通量生成节点。节点重要度确定后，根据系统聚类分析原理及各节点重要度，将节点分成不同的层次，其目的是确定节点功能的强弱，从而确定不同层次路线的主要控制点。然后根据聚类分析结果，分层拟定各类节点间联系线路的走向，划分其功能和作用，进行网络的布局设计。

重要度法从区域的综合经济规模与运输的需求关系出发，重视运输的宏观成因，相对于目前常用的四阶段法而言，在交通调查、数据收集上的工作量大幅度下降，可实施性较强。尽管如此，其在运输通道布局分析中仍存在一定的不足：

（1）衡量节点重要度的指标体系选取难以统一。运输通道涉及到公路、铁路、水路、航空等多种运输方式，而不同的运输方式具有不同的技术经济特征，因此在选择运输通道布局节点时，不同的运输方式考虑的影响因素各不相同。

（2）指标仅限于规划期内各节点的既定量，忽视了产业结构、政策制度的联系性及转变，引导性和前瞻性相对欠缺。

（3）缺乏对区域外经济、交通格局对区域内通道布设的影响分析。基于重要度布局法分析某区域的运输通道布局时，研究的是封闭系统内的交通布设，区域外经济、交通格局对区域内运输通道布局的影响考虑少。从运输通道的特性可知，布局研究区域外的经济协作区、区域过境交通联系对运输通道的形成及发展有重要的影响。因此，重要度法布局的运输通道与实际的通道走向可能会有所偏离，需要根据区域外经济发展和运输通道的情况进行修正。

5.2.5.2　交通区位分析法

交通区位论认为，在交通现象中，地理因素、社会经济因素和科技因素是决定交通网络布局规划的三个主要因素。其中，地理因素对交通网络具有支配地位。交通区位线是交通线在地理上的高发地带。

交通区位线是运输通道的原理线，其分布格局揭示了运输通道的格局。交通区位分析法是以交通区位理论为基础发展起来的一种路网布局方法，是一种本体论的规划方法。它把交通运输线看作某些条件集合下一定地域内发展与社会经济相适应的交通有优势地带内的外化结果，认为区域交通网的布局规划主要是考虑地域空间经济、政治、安全等相对稳定的需求结构，通过对规划区域的经济地理特征、经济发展模式和资源分布、需求情况等的分析，结合规划区域在全国的地位，从根本上找出规划区域内交通产生的高发地带，即所谓的交通区位线，并以此作为路线布局走向的依据来布局交通干线。通过这种方法布局的路线不仅在运输上是必要的，而且从经济上也是运费最低的。

近年来，交通区位分析法在我国公路网规划中得到了较多应用。国家高速公路网规划将交通区位分析法作为主要的分析方法之一，山东、新疆、江西等省市自治区也在相应的长期公路网规划中采用了交通区位分析法。

尽管交通区位分析法是从运输产生的源头出发，强调了交通对经济发展的引导作用，与区域性运输通道布局规划的要求十分相符，但是此方法主要还是以定性分析为主，量化程度较差，容易受到规划人员主观意识的影响，潜在因素对于路网布局具有不确定性，仍需要一定的改进。

5.2.5.3　节点重要度区位线联合布局方法

鉴于节点重要度布局法和交通区位分析法各自在运输通道布局上的适用性及其存在的弊端，提出了前述两种方法结合的节点重要度区位线联合布局方法。

任何系统发展进步的前提和必备条件是该系统须为开放的系统。从对区域性运输通道的界定和其影响环境分析可知，区域外的人口密集区、区域过境交通联系对运输通道的形成及发展有着重要的影响。交通区位分析法重视区域通道吸引范围内的经济、交通格局等条件对区域内运输通道路网布设的影响；重要度法在分析某地区的通道布局时，研究的是封闭系统内的交通布设，不考虑区域外经济、交通格局对区域内通道布设的影响。因此，可结合上述两者的优点进行通道的布局规划，即节点重要度区位线联合布局法。

我国的一些专家学者曾对重要度区位线联合布局法进行过相应研究，主要集中在路网总体布局规划方面。运输通道是运输网络的主骨架，运输网络的重要组成部分，其布局规划与网络总体布局规划有一定的共性。在对区域性运输通道相关分析基础上借鉴前人研究，总结提炼应用重要度区位线联合布局法规划区域性运输通道的总体思路框架如图 5-6 所示。

重要度区位线联合布局法也是从对区域内节点的分析和计算重要度入手，通过动态聚类分析，划分节点层次，同时对区域内交通区位形式做出分析，找出区域内主要交通区位线，在节点层次划分和重要度计算的基础上，分析区位线的重要度，分层次构建运输通道的线路布局，进行整体布局规划的过程。

重要度区位线联合布局法综合了重要度法和交通区位分析法的分析思路。重要度法布局的路网是一种满足内部经济发展的路网，体现了区域网络的有效畅通；交通区位线是在一个更加广阔的区域，从宏观的角度论述交通线路的走向，有利于加强区域对外社会经济联系。交通区位线是以地形、地貌为主变量，社会历史、地理变化为背景确定的一种大概率原理线，它只是一种以意识形象化、非实物方式存在的线，不是规划线，在运用中结合节点重要度理论的路线重要度计算结果，进一步确定区位线的相对重要性。两种思路结合，实现优势互补，从而使通道布局更加合理。

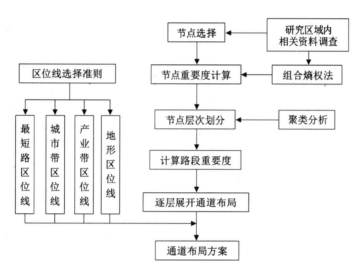

图 5-6 重要度区位线联合布局法分析流程

5.2.6 门户地区交通设施发展规划

5.2.6.1 区域门户资源布局与门户交通组织

1. 世界门户地区分布

目前世界上门户地区主要分布在东亚、北美和西欧三大地区。东亚门户主要在韩、日、中国和新加坡，依托的港口是釜山、神户和横滨、上海、中国香港 / 深圳和新加坡等港口；北美主要依托洛杉矶—长滩和纽约港；西欧主要依托的是鹿特丹港。各门户地区均有世界级城市和金融中心的支持，如东京、中国香港、新加坡、纽约、伦敦和巴黎。

2. 门户交通组织

门户指的是一个经济区重大的货运或客运系统的出入口。门户占据了重要的物理位置，如高速公路的汇聚点、河流的汇合点、良好的港口位置和重要机场枢纽。

门户通常是运输中的起点、终点或转运点，通常控制了经济区的出入口。换句话说，门户是一个城镇密集地区、一个国家、一个大陆货物联运的进出口的重要位置。

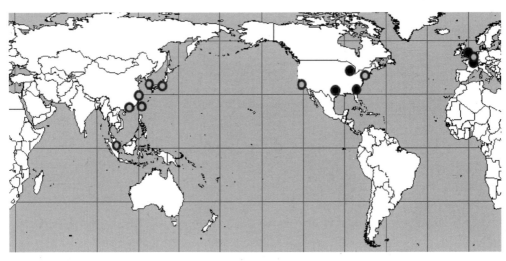

图 5-7　世界门户地区分布示意图

门户地区与交通枢纽的交通流在空间结构上相当类似。但是，门户地区的定义更具有局限性。交通枢纽指的是交通网络中同一或不同种交通模式的换乘的节点，而门户通常指的是一种交通模式与另一交通模式转换、内部联系与对外联系转换衔接的地区，比如由海运转为陆路。交通走廊通常把门户与内陆联系起来。门户相对交通枢纽更为稳定，常常形成于内陆交通系统的汇合点。交通枢纽的位置可能会因交通网络改变而改变，比如航空公司常常会改变航空枢纽的位置。

3.门户与海运枢纽的特点比较

（1）海运枢纽。进行大量货物的集中和分散，货物的起点和 / 或终点分布范围广，港口资源主要集中于水水转运，当地货物较少。

（2）门户。具转运职能，港口腹地生产大量商贸货物，邻近重要消费区，是与其他国家、大陆对外联系的主要出入口，有较好的多式联运条件，能通过各种运输方式对货物进行集中和分散。

5.2.6.2　城镇密集地区门户地区交通规划

门户资源由主要港口和枢纽机场构成。如长三角城镇密集地区内门户型深水港资源主要分布在杭州湾和长江口，由上海港、宁波—舟山港和南京以下长江海港三大深水港区构成。枢纽机场由上海虹桥和浦东、杭州、南京机场构成。这些设施的主要依托是长三角核心区的上海、苏锡常、大杭州、宁波和南京都市区；珠三角城镇密集地区（大珠三角）内的港口群是目前世界上最大的港口群之一。大珠三角港口群有 60 多个港口，其中重要的是香港 / 深圳、广州港。枢纽机场有香港机场、

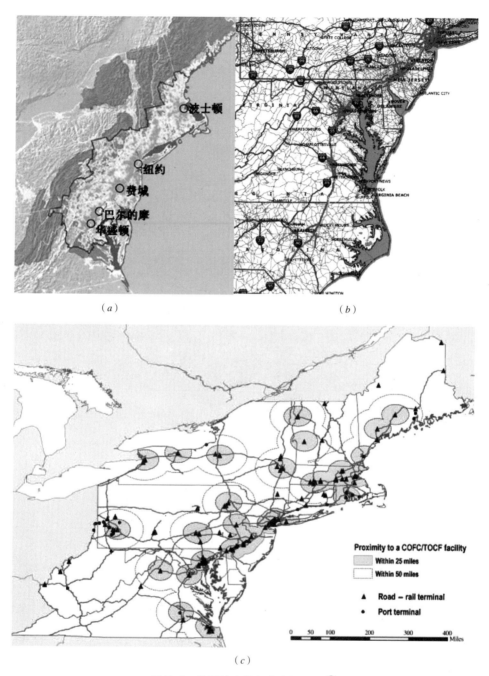

（*a*）

（*b*）

（*c*）

图 5-8　美国波士华门户交通组织[①]

（*a*）波士顿—华盛顿区位图；（*b*）波士顿—华盛顿主要交通走廊；（*c*）波士顿—华盛顿交通组织

①　Rodrigue Jean-Paul，"*Freight，Gateways and Mega-urban Regions：The Logistical Integration of the BostWash Corridor*"，Tijdschrift voor Sociale en Economische Geografie，20014，95（2）：147-161.

广州机场、深圳机场等；京津冀城镇密集地区门户型深水港资源主要分布在渤海湾，由天津港、唐山港和秦皇岛港组成。枢纽机场有北京首都机场和天津滨海机场；海峡西岸城镇密集地区内门户港口主要有厦门港和福州港，枢纽机场包括厦门机场和福州机场。

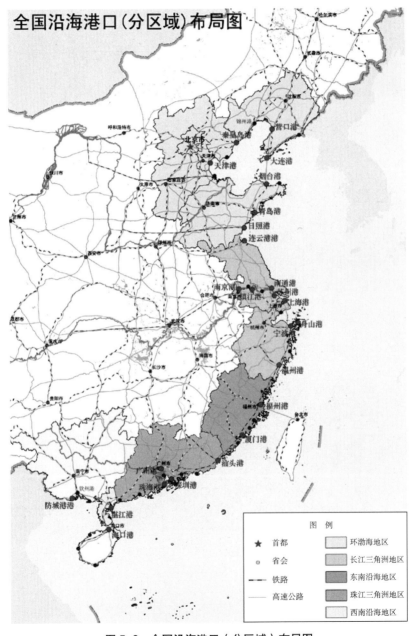

图 5-9　全国沿海港口（分区域）布局图

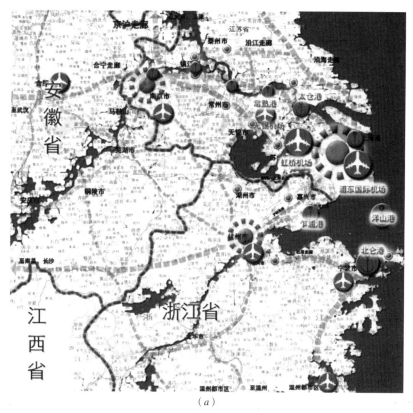

（a）

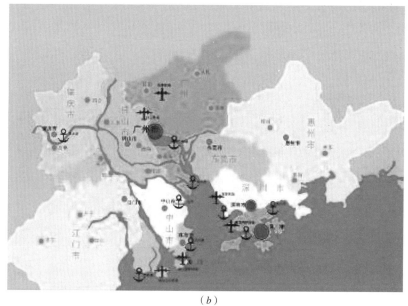

（b）

图 5-10　长三角与珠三角城镇密集地区门户设施布局示意图

（a）长江三角洲机场、港口分布；（b）珠江三角洲机场、港口分布门户资源与支持门户设施发展的综合交通网络共同构成城镇密集地区门户交通设施，承担对外贸易和交流的职能，不仅服务于城镇密集地区各城镇，也服务于受城镇密集地区辐射的其他地区。

为发挥门户设施作为区域和国家对外窗口的作用，门户设施的发展一方面要分工明确，相互协调；另一方面要建立与门户职能相适应的区域内部和对外辐射交通网络，支持门户设施职能的发挥。

（1）建立区域共享的机制。机场、港口是目前市场化运营程度较高的交通设施，虽然在管理上采用属地化管理的模式，但在运营上基本上都采取企业化的经营体制，企业利润最大化的目标与区域化的服务相吻合，各运营企业均将区域化服务作为扩大运输业务的途径，这为门户资源在区域内联合开发和建设奠定了基础，也是门户设施运营中相互之间按照市场规律协调发展的基础，如目前许多地区门户机场在区域内建立的异地航站楼和异地机场班线，以及当前若干门户机场的基地航空公司主导开展的空铁联运服务，更将门户机场的旅客服务延伸到更远的地区，实现最大限度收集区域客流。而港口在内陆地区城市设立"陆港"，使内陆地区具备了报关、报验、签发提单等港口服务功能，甚至将海关、检验检疫等服务业也通过"陆港"延伸到内陆地区。2014年5月16日，"中国港口协会陆港分会"于西安成立，宣告门户港口借助陆港的发展进入了一个沿海与内陆联动的发展阶段。

（2）建立区域性集疏运网络。区域性共享机制需要共享网络的支持。在区域网络的建立上，门户设施地区是区域内的重要交通枢纽地区，整合区域内部和区域对外交通设施，成为区域内等级最高的区域性枢纽。

①在区域内部交通网络上，建立工业产业发展区、内河运输、区域主要高速公路与门户港口的直接联系，而区域内都市区中心区、重要的客流集散枢纽、区域快速轨道交通与门户机场直接联系。作为区域城际交通组织的高等级枢纽，如上海虹桥枢纽整合了沪杭、沪宁两大区域城际走廊，作为城际铁路、城际公路客运与航空的综合体，充分发挥门户机场的区域服务功能。广州白云机场、规划中的首都第二机场等也都将区域性交通网络建立作为门户机场功能发挥的重点。

②门户地区均是国家交通网络组织的枢纽地区，其门户的服务不仅仅局限于城镇密集地区内部，同时也是国家级的对外交往枢纽。在区域对外网络上，建立国家干线货运铁路、内河航运、国家干线高速公路与门户港口联系，而国家高速客运专线、主要客运走廊与枢纽机场联系的对外交通网络，将门户设施的服务腹地拓展到

全国。如目前长三角门户港口作为长江航运的龙头，也是国家主要内陆至沿海货运铁路的重要节点，京津冀的港口更是为能源运输建立了专用的跨区域货运铁路系统。建立基于门户设施的综合运输和物流枢纽，通过门户港口、铁路集装箱中心站、高速公路，建立多方式联运枢纽，形成基于门户港的城镇密集地区综合物流中心。在机场组织上，广州机场与高铁系统进行了整合，而上海虹桥更是将高铁站与机场并列，为门户设施的联运奠定了基础。

（3）此外，通过门户设施整合各类门户业务服务机构，将运输、监管、产业服务和城市服务机构整合到一起，形成基于门户设施的综合服务基地，成为区域城镇化发展的重要空间节点。由于门户机场国际和国内的航空客运量都很大，本身就聚集了大量的就业岗位，目前国内北京机场聚集了超过 5 万直接就业岗位，如果考虑间接就业，目前国内 3 大机场就业都在 10 万左右，加上密集的航空乘客和航空的相关产业，在门户机场周围形成航空服务、旅客服务和城市服务、产业服务聚集地区，是航空城建设的最佳地区，也成为区域空间组织中的重要节点。而港口也是如此，港口的直接服务、相关联的产业等也使毗邻门户港口地区成为港城融合发展的最佳地区。

5.2.7　区域对外交通设施发展规划

城镇密集地区对外交通主要包括铁路、高等级公路等对外交通线路和港口、机场等对外交通枢纽节点。在区域对外交通设施规划中重点是打破以往按城市组织对外交通的思路，按照区域和功能区进行对外交通组织。

城镇密集地区作为国家的重要经济区，不同密集地区之间已经实现同一方式多个不同功能通道联系的格局。传统的对外交通组织主要依靠单一核心城市作为枢纽利用地区性网络集散的组织的模式，随着城镇密集地区需求扩大，单一枢纽组织模式的问题越来越突出：首先，增加了核心城市应对过境的压力，如京沪穗等城市的过境交通已经成为城市交通组织中的重大问题；其次，区域交通城市化的发展趋势使得利用区域网络组织其他城市对外交通必然带来区域整体对外交通组织效率的下降；第三，区域内以行政边界划分的城市规模越来越大，规模扩大后，单点的对外交通衔接模式使整个城市对外交通效率下降，并且对外交通与城市交通组织的冲突越来越大，需要根据城市功能区区域职能的承担情况将对外交通衔接的单元定位于功能区。因此，在区域的对外交通组织上，要实现多点衔接，而衔接点则依照功能区的区域职能确定。区域对外交通由单点向多点发展的过程也是区域对外交通走廊能力扩展与提升的过程。

5.2.7.1 干线网络规划

干线网络主要指铁路与公路网络。目前正在实施的国家高铁网主要以各大城镇密集地区为中心构建，新的高铁网规划在主要城镇密集地区之间布局了多个铁路联系通道，并且，高铁网络的建设使原来城镇密集地区之间铁路系统的运行实现了客货分线，客货运能力大大提高。提速后传统的铁路干线系统主要以货运和短途、低服务水平客运为主，高铁主要承担区域间大运量、高服务水平的客流。如京津冀与长三角之间规划的高铁系统有京沪高铁、沿海高铁，还有原来的京沪铁路干线，多个通道必然需要进行功能划分，以提高组织效率。而铁路系统的功能需要与区域内城镇承担的区域职能契合，这就要求在城镇密集地区规划中根据城镇空间组织和区域职能布局，对国家铁路干线的布局进行规划落实。

在铁路干线的布局上，传统的网络规划由于需求水平相对较低，在线路布局上往往将国家干线与区域干线系统合并，如目前部分城镇密集地区将国家高铁与城际铁路两种功能不同的线路共线布局，作为对近期需求的响应。但随着区域交流需求总量的扩大，承担城镇密集地区之间联系的干线系统就需要与区域内的干线系统分离，形成独立的国家铁路干线系统。

高速客运铁路系统联系区域的主要服务中心，使城市的区域职能、国家职能得到充分发挥，如上海作为长三角的中心，同时承担国家赋予的经济中心、航运中心等职能，需要高铁系统与承担这些功能的城市功能区直接联系，而杭州作为长三角南翼的中心城市，既是省域的行政中心，同时也是国家区域旅游组织的中心。这些均要求与国家高铁系统衔接，因此"京沪"高铁作为两个城镇密集地区核心功能的联系系统，应对两大城镇密集地区内的核心城市的核心功能区均有衔接。

货运铁路干线则需要依据其运输功能与城镇密集地区内的主要港口功能区和产业区衔接，如能源运输铁路要与承担能源运输的港口衔接，而承担集装箱运输的铁路要与主要的集装箱运输港口衔接。

干线公路的服务范围小于铁路，是城镇密集地区内周边地区联系的主要交通设施之一，也是城镇密集地区之间相互联系的重要设施。城镇密集地区承担区域对外联系的干线公路也存在与铁路系统同样的发展阶段性，但由于公路网的密度较大，公路系统中区域内部交通与对外联系交通的分离相对容易，而且由于公路本身辐射范围相对较小，区域内部和对外联系的公路在功能上的差别并不显著。

区域对外干线公路布局相比于铁路网络更需要与功能区结合。一方面随着区域内城际客运轨道系统的建立，公路系统区域对外客运功能逐步退居其次，而货运功能则随着区域产业分工组织的细化而逐步提高，公路系统布局要与产业组织紧密结合，作为产业物流组织的主要设施；另一方面，城市规模不断扩大，对外公路，特别是高速公路系统逐步移向都市化地区之外，使城市核心区利用公路组织对外交通的效率下降。因此，公路系统布局需要按照城市的功能区划分确定与城市交通的衔接，使得构成城市的各个功能空间利用公路的对外交通组织效率不会受到都市化地区扩大的影响。

城镇密集地区公路网络的加密使对外公路在功能上可以进行详细划分，以提高交通组织效率，比如同一方向可以利用不同的线路在功能上划分出以货运车辆为主和以客运车辆为主。

5.2.7.2　港口、机场规划

港口与机场规划重点在于城镇密集地区的设施要按照"群"的模式组织，各节点间既要竞争，又要合作，既要建立明确的分工，又要突出市场的调节作用。

港口规划。沿海和沿河的城镇密集地区港口群作为参与全球经济合作和国内区域间资源调配、产品运输的重要战略资源，在区域经济发展中发挥着日益重要的作用，已成为推动全国"经济列车"前进的重要引擎，也是城镇密集地区对外联系的重要窗口。

（1）门户地区的港口应围绕门户港口形成分工明确的港口群。其中作为国家对外门户设施的重要港口要作为国家国际航运体系中的重要节点，建立完善的饲喂港口体系。

（2）城镇密集地区内各枢纽港口要根据集疏运网络、港口条件、贸易特点和货种明确分工，形成良性的合作和竞争关系，避免港口间的恶性竞争。如珠三角港口宜根据港口的集疏运网络条件，广州以内贸为主，而深圳、香港以外贸为主，矿石、油等大宗货物运输由两翼的港口承担，与石化、钢铁等产业布局结合。

（3）港口的集疏运体系，在区域对外上主要以适应长距离运输的铁路和水运为主，而城镇密集地区内部则主要以内河、公路运输为主。在城镇密集地区发展的初期，港口主要的运行模式应采用前方港口＋后方陆域产业的发展模式，公路运输主导，而随着产业组织范围的扩大，铁路和水运的比例逐步增加。

机场规划。根据城镇密集地区的作用和特点，城镇密集地区内按照多层次机场体系进行组织，以满足对外运输和内部服务不同运输需求对运输效率的要求。其中，城镇密集地区内的门户枢纽机场主要承担区域与国际联系、国际中转等航空运输职能；其他枢纽机场以都市区为基础建设，主要承担都市区与国内外的联系；支线机场承担枢纽机场的辅助客运。

城镇密集地区的机场规划要构建与城镇关系相对应的机场体系，承担门户功能的机场组织，主要有集中式、主副结合、多枢纽平行模式。前两种模式主要在城镇体系级差分明的地区，而后一种模式主要在城镇体系级差较小的地区。其中，集中模式可以在区域航空需求较小时，或者区域内城镇间航空服务需求差异较大时提供较高的空中服务水平，但区域内陆侧衔接距离长，服务差，而且随着区域航空需求的增长，空中交通拥挤也会导致航空服务水平下降。主副模式是以一个机场为主，形成级差不大的多层级航空服务，适用于航空服务需求比较高，需求差异不大的地区，地面和空中交通服务相对较好。而多枢纽平行模式主要在航空需求差异不大，密集地区机场依托的服务中心级差较小，或者城镇关系不密切的

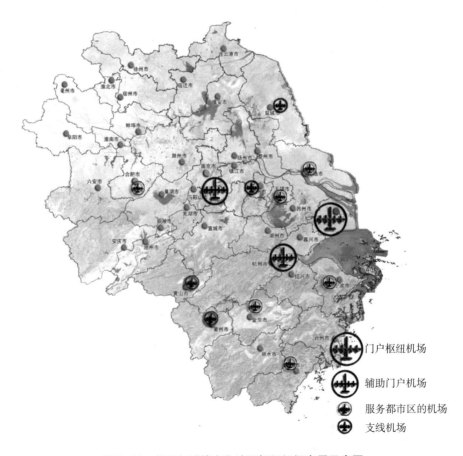

图 5-11　长三角城镇密集地区枢纽机场布局示意图

地区，机场之间相互竞争相对比较激烈。如目前的京津冀采用的是集中式，区域航空服务主要依托首都机场组织；而长三角采用的是主副结合的布局模式，以上海为主，南京、杭州为副，其他都市区机场为第三层级；珠三角、海峡西岸、山东半岛等为多枢纽平行式，如珠三角以广州和港—深为两个平行的枢纽，共同承担国内和国外的航空运输职能。

随着城镇密集地区人均航空客货运需求的迅速增长，区域内机场的密度将逐步提高，机场将逐步按照都市区划分进行布局，大型的都市区将出现"一市多场"的机场布局。例如，长三角的江北都市区的发展、沪宁带（无锡、常州、江阴、张家港、苏州）上苏锡常都市区的扩张，以及浙江金衢丽都市区的快速发展，使目前的区域航空布局对这些地区的服务难以满足要求。应随区域内都市区的发展和枢纽机场的饱和，着手进行无锡、江北、金华等机场的建设与改扩建，形成与城镇空间布局一致的机场布局，同时在一些航空需求旺盛的地区考虑一市多场的机场布局。

随着区域航空需求的增长，区域内机场需要进行功能的划分，逐步从综合走向专业，使航空服务更有针对性，提高航空服务对需求的响应，如布局更加专业化服务的商务机场、货运机场、通用航空机场等。

5.2.8　区域内部交通系统规划

区域层面的内部客运交通系统主要包括都市区之间和都市区内部各功能区之间涉及跨界的联系系统，两类联系交通承担的交通在需求特征、出行尺度上完全不同。都市区之间的客运交通以区域商务联系为主，而都市区内部交通则以符合城市交通特征的交通为主。目前在交通系统的运行上，不同交通设施均承担不同程度的都市区之间和都市区内交通。因此，区域内交通规划需要根据各类设施承担的出行构成确定其功能，进而确定管理和运营的模式。而货运交通系统则包括主要的货运枢纽与腹地之间的联系以及区域内产业组织之间的联系。

都市区之间联系交通以商务为主，出行距离长，主要由区域内的高快速交通系统承担，衔接城镇密集地区内各都市区中主要承担区域服务职能的功能区。目前各城镇密集地区规划建设的区域"城际轨道"和区域高速公路系统主要应对这一层次的交通需求。但目前的"城际交通"系统规划仍然以城镇为单元，秉承了传统城镇独立发展模式下对外交通系统的规划方法，对城镇密集地区都市区组织考虑很少，城镇衔接的节点也主要考虑"城镇"，而非承担区域职能的功能区，使城际交通系统组织与区域空间组织相悖，因此，"城际交通"系统的规划，一要按照出行目的，二要考虑衔接承担区域职能的功能区。

在城镇密集地区城际交通系统建设的初期，由于需求不足，"城际"系统可能需要规划承担部分都市区内交通，但随着区域需求增长，城际与都市区内交通系统有可能需要逐步分离。因此，城际系统在不同时期的运营服务和管理模式应有差异，规划中要充分考虑到设施在不同时期承担交通构成的变化对设施规划、建设、管理和运营指标的影响。

都市区内联系交通是城市交通的延伸，主要承担城市交通中长距离、机动性要求高的交通，由都市区的高快速交通系统承担，主要包括公共交通快线和高、快速道路等。都市区内交通系统构建在区域规划层面重点需要解决的是跨界交通组织问题，在目前投资以行政区划为界限的情况下，跨界交通系统的规划主要是体制问题，协调也主要在需要政府补贴和组织的公共交通系统上。初期，应逐步将各城市传统的城际长途转变为城际公交，目前在运营组织上一般采取双方对开来实现。当跨界交通需要轨道交通系统支撑时，其建设和管理在目前的管理体制上还难以突破，而运营的补贴和成本分担则是目前体制下更大的问题，需要采取新的融资模式和市场化的运营体制，如利用TOD开发融资和建立城市之间补贴的分担机制，这将是目前区域规划体制和协调机制中需要重点突破的领域。

图 5-12　北京—天津、珠三角城际轨道交通规划示意图

在"城际"交通的管理上，我国一直采取充分市场化的"长途"运营模式，运输价格相对较高，对应了城际之间的联系较弱阶段。随着区域内"城市区域化"发展，城际交通需求迅速增长，同时受资源和环境的制约越来越强烈，需要采用与城

市交通类似的优先政策，鼓励城际私人小汽车交通向集约、低碳的公共交通方式转移，这时城际交通就需要改变原来充分市场的模式，有越来越多公共政策介入，政府的作用越来越强，此时，城际管理的模式也需要改变，引入优先政策和成本控制，以适应"城际"交通方式向集约化转型。

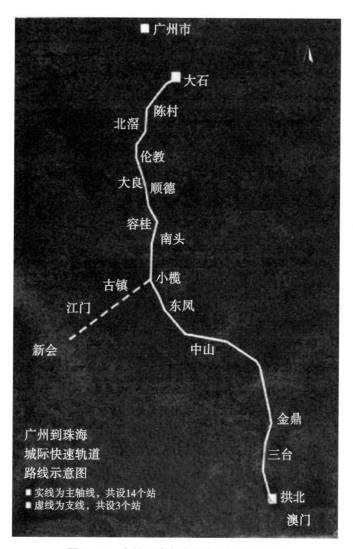

图 5-13　广州至珠海城际快速轨道示意图

第6章
规划实例

本书选择了作者 2003 年以后完成的两个典型的城镇密集地区综合交通规划案例,即 2004 年完成的珠三角城镇群规划和 2007 年完成的长三角城镇群规划。两个案例的交通研究是作为城镇密集地区规划的交通专项,在阶段上总体属于区域空间构造阶段的规划,重点对区域内的宏观空间组织进行了研究和规划。在交通系统规划上,重点讨论与空间组织相适应的交通网络结构,区域内新交通走廊的选择,区域城镇和区域交通设施的分工,以及交通网络对区域空间的影响,识别新的战略性发展地区。由于是在新的城镇化高速发展时期形成的规划,两个规划的观点和结论是在摸索中逐渐形成的,其中对区域中都市区内跨界协调的机制讨论相对较少,而且由于两个地区的尺度差异过大,珠三角城镇密集地区的交通系统规划从城市的功能区出发构建,而长三角城镇密集地区交通网络规划则主要以都市区为基础提出。另外,需要说明的是,本章仅作为规划方法研究示例,与最新的规划、建设情况不尽相同。

6.1 珠三角城镇密集地区综合交通协调发展研究

6.1.1 规划范围和年限

规划范围为珠三角城镇密集地区范围,包括广州、深圳、珠海、佛山、东莞、中山、江门七个市和肇庆市的端州区、鼎湖区、高要市、四会市以及惠州市的惠城区、惠阳区、惠东县、博罗县,国土面积 41698 平方公里,占全省 23.20%。研究范围扩大至泛珠三角地区。

规划年限为 2004 ~ 2020 年。

6.1.2 研究重点

6.1.2.1 区域交通设施规划原则

区域交通设施的规划遵循以下原则:

图6-1 珠江三角洲城镇现状分布图

（1）交通系统布局有利于促进区域性大型交通设施（如机场、港口）的区域共享和分工。

（2）根据区域城镇、产业、区域中心体系布局，合理安排与布局国家、区域和都市区、城市等不同等级的交通网络。

（3）交通网络布局要为不同区位的城市提供平等的发展机会，并向欠发展地区倾斜。

（4）重要交通设施的选址、选线优先考虑区域整体发展的要求，兼顾城市或地方利益。

6.1.2.2 区域交通发展总体目标

通过区域对外交通发展，机场、港口、铁路枢纽整合，加强珠三角与国内其他地区、港澳地区，以及东南亚的交通联系，实现珠三角携手港澳，带动两翼、辐射"泛珠三角"、影响东南亚的功能的发挥。通过内部交通的整合和优化，使交通体系布局与区域城镇、产业发展相协调，引导城镇群合理空间布局形成。

6.1.3 发展策略

为实现珠三角总体发展目标，珠三角区域交通设施发展采取以下策略：

（1）区域对外重点是与周围省区的高速公路联系，以及与沿海和京广沿线城镇的高速铁路联系，特别是沿海、京广与西部三大联系走廊上交通系统的布局。

（2）区域内部通过交通基础设施的建设先行，促进城镇协调发展，服务设施共享，以及培育新的战略发展地区。

（3）积极发展区域内部"城际轨道交通"，促进区域内城镇的交流和主要客运枢纽、中心之间的便捷联系。

（4）加强跨珠江东西两岸和东西岸南北城镇带的高速公路网络，带动城镇群的网络化发展。

（5）支持重要产业发展地区和港口地区的货运铁路网络建设。

（6）促进相邻城市间快速道路和城市轨道交通的衔接，促进区域交通网络的一体化、城市边界地区的协调发展和都市区跨界用地平衡，提高城市之间交通联系的可达性。

（7）协调区域内城镇之间的交通标准与管理政策，实现区域城镇群交通一体化。

6.1.4 交通系统规划

6.1.4.1 珠三角区域空间结构与布局

在空间发展战略指引下，未来珠三角将形成高度一体化、网络型、开放式的区域空间结构和城镇功能布局体系。通过"一脊三带五轴"的区域空间结构，把珠三角最重要的功能区和节点进行串联、整合，构成向外海和内陆八个方向辐射的空间格局；通过"双核多心多层次"中心体系和"多元发展的三大都市区"的构建，形成各具特色的次区域城镇空间体系和区域性、地区性、地方性服务中心网络；通过"集群化的产业聚集区"形成区域重点产业的合理空间布局，支持区域产业结构的战略性调整和产业空间资源的优化整合。

"一脊三带五轴"为由广州至港澳形成的南北向区域发展"脊梁"；北部城市功能拓展带、中部产业功能拓展带和南部滨海功能拓展带三条东西向的功能拓展带；莞深高速公路沿线"城镇—产业"轴、广深铁路沿线"城镇—产业"轴、惠澳大道沿线"城镇—产业"轴、105国道沿线"城镇—产业"轴和江肇、江珠高速公路沿线"城镇—产业"轴五条南北向的城镇与产业发展轴，如图6-2所示。

"双核多心多层次"的中心等级体系包括广州、深圳为区域主中心及珠海为区域副中心；佛山、江门、东莞、中山、惠州、肇庆六市主城区为地区性主中心；南沙、前海、珠港新城、顺德、开平、虎门—长安、惠阳—大亚湾为地区性副中心；以高要、四会、三水等24个城镇为地方性中心，如图6-2所示。

"多元发展的三大都市区"包括以广州、佛山、肇庆组成的中部都市区，以深圳、东莞、惠州组成的东岸都市区，以珠海、中山、江门组成的西岸都市区，如图6-2所示。

"集群化的产业聚集区"包括综合服务与生产服务业聚集区，高新技术产业聚集区，区域性基础产业、重型装备制造业重点培育地区和聚集区，旅游业、物流业空间布局。

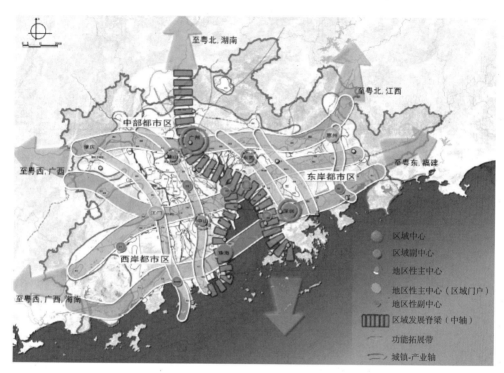

图 6-2　珠三角区域空间结构示意

6.1.4.2　区域交通系统布局

1. 区域交通系统整体布局

区域交通设施规划以各交通专项规划为基础，根据珠三角未来城镇群空间布局，按照突出区域交通对外辐射和内部整合的目标，提出更加系统、前瞻的区域交通运输布局结构。在区域对外交通联系上，加强与"泛珠三角"腹地的陆路交通联系和主要对外方向上的高速交通联系；在内部交通整合上，重点加强珠三角东西向的交通联系，在提高区域内主要服务中心和重要交通枢纽的交通可达性的同时，形成区域内网络状的快速交通网络。

珠三角对外交通网络规划形成 10 条对外放射高速公路（其中西部沿海和广湛高速在阳江合并），联系"泛珠三角"主要发展地区，8 条对外铁路（其中 3 条辐射沿海和北部的高速铁路）联系沿海（福建、海南、广西）、湖南、江西、广西内陆，并通过至广西的铁路网络联系西南地区等地；形成 5 个机场（广州、深圳、珠海、香港、澳门）组成联合体和 5 个枢纽港口（盐田、南沙、高栏、大亚湾、葵涌）组成的港口枢纽辐射国内其他地区、东南亚和世界各地；通过粤港澳交通网络的一体化，全面提高了香港、澳门与珠三角各地的联系。

形成 5 条贯穿珠三角东西两岸，11 条南北向、纵横交错的高速公路网络；四纵四横的铁路网络，提高珠三角铁路网络的密度；四纵两横的城际快速轨道网络，将珠三角内部已经形成的中心区和将来有发展潜力的服务中心地区联系起来。

纵横交错的交通网络使广州中心区、南沙、新白云机场、深圳福田、前海、深圳机场、虎门—长安—沙井、珠海唐家—中山火炬区等地成为珠三角内部交通可达性最高的陆路交通枢纽地区。在平湖、横岗、大亚湾、龙华、松山湖、常平、惠州、黄埔、花都、番禺、肇庆、佛山、容桂—小榄、中山主城区、江门主城区、珠海西部，形成次一级的交通枢纽地区。

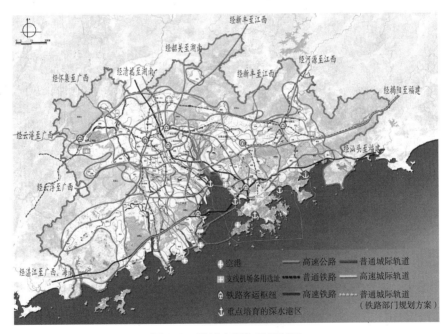

图6-3 区域交通体系规划图

2. 空港

珠三角 5 个机场都有相当的运量，2002 年客运量已经位于世界大都市地区的第二位，而货物吞吐量位居世界第一。但目前各机场相互之间的合作并不多，地区内机场资源未能充分利用，制约了国际性的门户航空枢纽的形成。

　　未来如何整合机场资源，在"一国两制"下通过制度的创新，使该地区的机场形成一个联合体，是区域航空运输发展的重要基础。

　　广州机场：国家的三大航空枢纽之一，是珠三角与国内，珠三角、"泛珠三角"与世界各地联系的主要航空枢纽。

　　深圳机场：借助优越的区位条件，成为区域航空枢纽的重要补充，加强与香港空港的联合，形成香港机场以国际为主，深圳机场以国内为主的组合机场枢纽。

　　珠海机场：主要服务于西岸南部地区，加强与香港、澳门机场的合作。

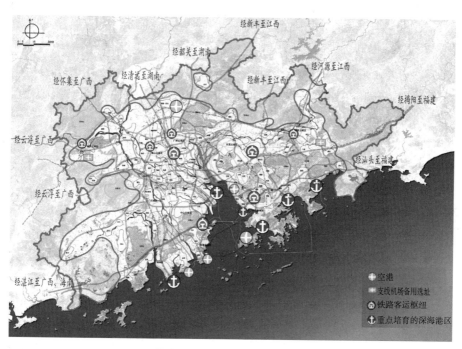

图 6-4　区域交通枢纽布局图

　　规划通过建设主要机场之间的高速轨道交通联系通道，加强各主要机场之间的联系，促进机场之间的分工和合作。实现从香港机场至广州、深圳机场 1 小时直达，促进机场联合；调整珠外环高速公路走向，增强广州以北东西向交通联系，提高新白云机场交通可达性，提升其枢纽机场地位；增强深圳机场与西岸地区的联系，增强珠海机场与江门、中山的联系；利用粤港澳大桥沟通香港与珠海、澳门机场；积极争取通航权资源开放和机场经营权开放，促进区域内机场在经营上通过相互渗透，营造合作的环境。同时适时考虑佛山、惠州方向支线机场的发展。

3. 港口与航运

在港口发展上，以广州、深圳、珠海三个国家级主枢纽港为主，培育惠州枢纽港的发展。重点发展南沙、盐田、妈湾、高栏深水港区，重点培育大亚湾（惠州）深水港区，加强东莞、中山、佛山、江门等支线港、喂给港与各主要深水港区的联系，同时利用珠三角河网密布的特点，发展以西江为主，北江、东江为辅的内河航运网络，作为区域航运网络的重要补充。

利用高速公路、内河航运、铁路网络，实现枢纽港区为珠三角、周围地区以及"泛珠三角"地区的产业发展服务，促进港口之间，港口与产业、港口与其他交通基础设施的协调发展。

在运输分工上，集装箱运输以内圈层的香港、深圳盐田、广州南沙为主，散货及大宗的原材料运输以两翼的珠海高栏、惠州大亚湾为主，前海地区港口在资源高效利用前提下控制发展，为未来该地区的提升提供条件，其他港口均作为这些港口的集散港、喂给港或专业性港口。

加强与南沙、盐田、高栏、大亚湾等深水港区联系的货运铁路建设，并通过惠澳、广珠等与京广、京九、沿海、西部铁路连通；建设京珠与南沙联系的高速公路，扩大南沙港与北部地区的辐射；建设南沙与西岸地区高速公路联系的通道，促进南沙港服务于区域西岸地区；建设各主要港区与区域高速公路网络便捷联系的集疏运公路网络，扩大港口腹地。

珠三角作为内河航运最发达的地区之一，特别是西岸地区，应积极发展内河航运系统，以增强珠三角与腹地的联系，降低运输成本，分担陆路集疏运压力，提高港口的集疏运能力，减轻交通运输的环境影响，提高多种交通方式联运效率。建设以珠江、西江、崖门水道、东平水道、容桂小榄水道、潭江水道以及东江为骨干航道，利用水网地区的特点，形成干支相通，职能合理的内河航运网络，使内河航运成为珠三角区域航运交通体系的重要组成部分。

4. 铁路

京广、京九铁路是珠三角与我国中部地区主要城市和经济发展地区联系的重要通道，主要组织珠三角与沿线地区的普通客货运输；建设京广客运专线武汉至广州、深圳龙华，并经深圳特区延伸至香港，使香港与"泛珠三角"经济腹地直接联系；通过沿海普通铁路和沿海高速铁路，沟通珠三角与华东，闽东南和广西沿海、海南地区，并向云南和越南边境地区延伸；珠三角与西南地区的铁路联系，主要通过建设广州至广西梧州、柳州的铁路，沟通珠三角至西南地区的铁路网络。

上述三个铁路交通走廊的形成，必将强化珠三角的区域辐射能力，促进沿海经济带的合理分工，推进中部地区的发展，以及辐射带动西南地区的开放。扩大了珠三角地区的产业组织范围，支撑区域内产业升级和转移。

以广州铁路枢纽、深圳铁路地区总图为基础，建设枢纽间互连互通的国家南部铁路综合枢纽。在布局上，形成新广州站、广州站、深圳龙华、深圳站四个中心客运枢纽站，形成广州东站、东莞、佛山、珠海、惠州、肇庆六个辅助客运枢纽。广州主要组织京广、西南、沿海方向客运，深圳主要组织沿海、京九客运，珠海主要组织西部沿海客运，东莞组织京九方向客运，佛山、肇庆组织西南、广西方向的客运，惠州组织京九和沿海客运。

5. 高速公路

规划建议西部沿海高速公路跨珠江口连接东岸机荷高速；在规划期内建成京珠高速南段、粤赣高速公路；打通北部通过四会、梧州至柳州、桂林的高速公路；建设莞惠高速向东至揭阳，向西经高明至广西玉林。这些高速公路与现有网络共同组合，使高速公路成为珠三角与直接影响经济区域联系的主要交通方式，同时也成为各主要深水港区与腹地联系的集疏运交通体系的一部分。

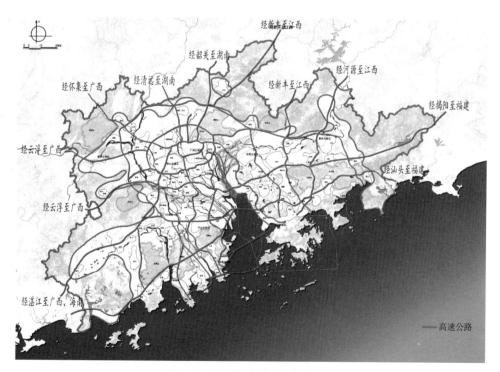

图6-5　区域高速公路网络布局图

规划建设江珠、江肇、广珠西线、广深沿海、莞深北延、博深和江中高速公路，使城镇群内各发展组团之间的联络更为便捷。

通过港珠澳大桥和预留香港向东至惠州的沿海通道，扩大香港对珠三角地区的辐射扇面，加强香港与珠三角高速公路网络联系。

珠江口东西岸联系的公路通道是支持港深、珠澳两大都市区协调健康发展的重要保障，规划形成国家沿海公路干线和港珠澳大桥两个公路通道。港珠澳大桥实施方案要考虑能够兼顾香港与西岸连通及东西岸南部两个都市区联系的方案。

6.城际轨道交通

本次规划的城际轨道交通，以《珠江三角洲城际快速轨道交通线网规划》为基础，并结合珠三角城镇空间发展和城镇中心体系、主要枢纽布局、城际轨道交通的职能等，对原规划进行了调整。在整体上考虑城际轨道交通与城市轨道交通职能上的分工，规划的城际快速轨道交通成为一个完整的系统，而不是与各城市的城市轨道交通进行简单接驳。

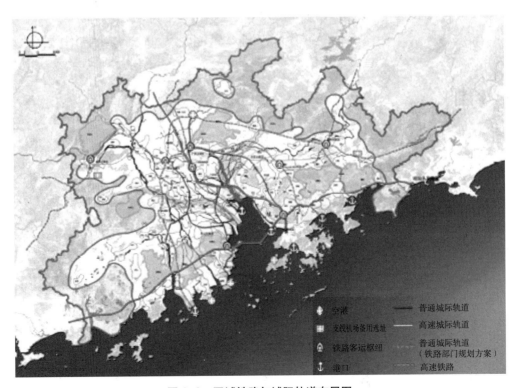

图6-6 区域铁路与城际轨道布局图

①深圳西部通道至广州中心城核心区的中轴线路向北延伸至新白云机场,向南延伸至香港机场,并从南沙向西经过中山东部发展地区,从唐家进入珠海中心区,直至珠海机场。联系了区域内中心城市的重要发展地区和机场,促进区域交通设施共享和强化区域综合服务中心和地区中心的联系,有利于区域中最具发展潜力的湾区发展,以及湾区产业的整合与协调发展。

②深圳和珠海之间增加跨珠江口的城际轨道交通,加强了珠三角南部港深、珠澳两个都市区的客运交通联系,促进两地资源的互补发展。可以代替原规划的中山至虎门线路的职能。

③形成联系中山、佛山、广州、东莞、深圳、香港主城中心区,主要发展组团小榄、顺德、广州高新区、松山湖、光明新城、龙华等的城际快速轨道交通线路,将区域中心体系中区域综合性服务中心(广州、深圳)和副中心、地区性中心、地方性中心紧密联系起来。

④鉴于广州至肇庆、广州至惠州已建铁路,但客流较小的特点,建议广州至肇庆、广州至惠州的城际快速轨道交通在铁路客流接近饱和时建设。

7. 城市交通衔接

目前珠三角城市在城市对外交通和内部交通规划建设和运营上仍然没有摆脱各自为政的局面,与区域高度连绵发展的特征和区域一体化趋势极不相符。应建立未来相邻城市间的轨道交通、城市快速道路(包括部分重要的干道)以上等级的道路规划协调制度,使城市轨道交通和快速道路建设在相邻城市协调一致,统筹区域与城市交通体系规划建设。同时应加快推进各城市公交系统的跨市域运行,协调各城市交通发展政策,根据城市和区域的空间组织确定交通设施收费体制与标准,促进高度区域一体化的交通基础设施与服务体系的形成。

6.1.4.3 都市区交通系统改善

珠三角按照城镇的空间组织和产业组织,划分为中部的广州、佛山、肇庆都市区,东部的深圳、东莞、惠州都市区,西部的珠海、中山、江门都市区,南部的港、澳与东西两个都市区逐步实现一体化发展。

1. 优化中部都市区交通体系

中部片区在原公路、铁路、城际轨道交通规划的基础上,强化了广佛在区域内的东西向联系和对外辐射,以及广州等主要枢纽、服务中心与其他中心、主要发展地区间的联系。主要通过外环线向东西延伸,加强机场和南沙与区域内外的联系;通过京珠、广州至清远、四会至怀集、肇庆至梧州、佛山至玉林、广州至从化等高速公路网络向内陆辐射；通过广州至湛江、广州至惠州高速公路向沿海辐射；通过广深沿海高速、广珠西线高速公路等与区域内的城镇联系。

建设武汉至广州—深圳的高速铁路，广肇、广惠、广珠、广州至南沙港口的国铁，改造广深铁路，在番禺建设新的铁路站，形成密集的铁路网络。

建设广州机场经中心区、南沙至虎门的高速城际轨道交通，广州至佛山、中山，广州至莞城的快速城际轨道交通。

在中部片区形成"两环（广州外环、珠二环）两横（肇庆—花都—惠州、常虎高速西延线）十二放射（广湛、广珠西线、广珠东线、沿江高速、广深高速、广惠高速、广从高速、京珠高速、广州—清远—湖南高速、广州—怀集—广西高速、广肇高速、佛山—高明高速）"的高速公路网络，"两横三纵"的铁路网络，以及在广州中心区交叉的城际轨道交通网络。

2. 提升西岸都市区交通职能

西岸都市区交通设施在建设南北向交通线路的基础上，加强东西向的网络建设。主要建设珠江口向西延伸的沿海高速铁路；建设广珠铁路并延伸到珠海港口；南沙港区联系铁路向南延伸，经过中山至唐家与未来的沿海铁路联系。江中高速公路向东延伸至南沙港口；常虎高速通过虎门大桥向西延伸经高明至广西玉林；配合港珠澳大桥的建设，建设江珠、广珠西线和京珠高速公路。建设澳门—珠海—唐家—中山—南沙的城际快速轨道交通；建设中山—小榄—容桂—禅城—广州中心区城际轨道交通，加强城市中心区之间的联系。

在西岸都市区形成"两横（江中—开阳、西部沿海高速）四纵（京珠南、广珠西、江珠、新台高速）"的高速公路网络。

3. 整合东岸都市区交通资源

东岸都市区交通网络建设主要加强区域服务中心、产业聚集地区和区域交通枢纽之间的联系，引导合理城镇群结构形成。

由东莞向北延伸南北向的高速公路，加强东西向高速公路，形成高密度的高速公路网络；建设通过广州、东莞主城区至深圳的联系通道上高速公路与城际轨道，加强城市中心区之间的联系。

在东岸都市区形成"三横（机荷、常虎、广惠高速）五纵（广深沿海、广深、莞深、博深、深惠高速）"的区域高速公路网络。

4. 改善各城市的区域与对外交通条件

规划将区域的对外交通系统整合，改善各城市与外部的交通联系。

（1）广州：调整珠外环北线走向，强化与对外圈层肇庆和惠州地区的联系；通过加强中轴，提高南沙和花都与区域内其他服务中心、产业地区的交通可达性；通过联系内圈层城市中心区的城际快速轨道交通建设，加强广州中心区与其他城市服务中心的联系；形成国家铁路、空港和航运枢纽。

（2）深圳：通过东西岸联系的高速公路、铁路、城际轨道，使深圳成为区域内的又一个综合性交通枢纽，提高深圳与西部和中部都市片区的交通可达性；通过西部通道和广州—莞城—深圳—香港轨道交通的建设，提升珠江口东岸沿江地区的区位，强化深圳的口岸地位。

（3）珠海：通过珠海北部淇澳跨海城际轨道交通通道的建设，机荷高速西延与西部沿海高速的衔接，广珠铁路，南沙经中山至珠海主城、机场的城际轨道，使珠海与东岸、广州的交通联系提高，通过与珠海机场、高栏港相关的交通设施建设，扩大区域交通设施的服务腹地。

（4）佛山：通过常虎高速向西的延伸，以及多种交通方式与南沙、广州中心区的交通联系通道建设，加强和提高佛山与区域内对外交通节点、主要服务中心的联系。

（5）东莞：通过中轴交通设施的加强，中部莞城与深圳、广州快速轨道交通沟通，以及常平至深圳现有广深铁路的加强，使东莞与区域主要服务中心的联系有较大的提高；南北向的高速公路向北延伸，加强了东莞与北部地区的沟通；常虎高速公路向东、西延伸使东莞与西岸以及区域腹地的交通可达性大大提高。

（6）中山：通过江中高速东延和机荷高速西延，改变了中山在陆路对外交通上滞后的状况；通过南沙至珠海、中山至佛山和中山至江门城际轨道交通，建设中山南部与珠海淇澳交界地区的交通枢纽，使中山与广州、深圳、香港等区域中心，以及周边城镇的交通联系加强。

（7）惠州：通过与常虎东延高速公路、珠外环东线延伸，加强与区域服务中心、航空交通枢纽的联系；通过与香港东部通道的衔接，使惠州南部与香港有直接的陆路通道，承接香港的辐射；通过沿海铁路的建设，强化与粤东沿海地区联系；通过粤赣高速公路建设和京九铁路的改善，加强与粤东北及江西的联系。

（8）肇庆：珠外环北线经过肇庆，加强与区域服务中心、航空枢纽的联系；通过珠海至肇庆高速公路建设，直接联系枢纽港、机场和港澳；通过广州—肇庆至柳州铁路和高速公路的建设，提升在区域中传递辐射的作用。

（9）江门：主要通过加强与珠海港、南沙港的联系，促进江门地区的产业发展；通过西部沿海高速公路及跨海通道，加强与东岸地区的联系，通过沿海铁路通道的建设，加强与广西沿海以及海南的交通联系，通过城际轨道交通的建设，加强与内圈层城市中心的联系。

6.1.5 区域交通发展协调机制建议

6.1.5.1 发挥区域交通设施综合规划协调作用

通过确定区域规划的法定地位，使区域规划中对于大型交通基础设施、区域内保护的资源等进行控制，实施区域规划确定的交通设施的布局和发展时序。

以珠三角区域经济和社会运行的特征为基础，避免仍然以行政区为界限的规划，将港澳作为区域规划的组成部分。通过规划体制等方面的协调，使区域规划中交通运输基础设施规划能承载区域经济和社会的发展。

通过区域规划的过程，从技术上充分反映和协调区域内城市之间交通基础设施协调的问题。

在区域规划中研究区域不同类型交通基础设施的合理布局，充分发挥不同交通运输方式的作用，形成低成本高效的交通系统，有效促进区域经济和社会发展综合交通网络。

对于大型的区域交通设施，在区域规划中要对其布局、运营等做出规划，并且要提出下一层次交通网络衔接与规划的原则，使地方城市交通规划服从区域规划，以保障区域交通基础设施的区域性服务。

通过区域规划研究区域交通设施对区域内不同城市或地区的影响，提出区域内城市在交通设施建设、经营上利益、风险分担的框架。

6.1.5.2 区域层面的政府协调机制建议

1. 政府协调机制建立的目标

政府协调机制要以整个珠江三角洲的发展为核心，充分发挥区域资源对区域发展的作用，达到区域基础设施的共享，避免无序开发与恶性竞争，维护区域的可持续发展。

在协调上，要以粤港澳充分融合与合作为基础，达到区域之间规划和建设一体化，交通运输的经营与管理一体化，充分发挥港澳对珠江三角洲的作用，发挥民间、政府、财团的作用，促进珠三角的经济、社会合作走向新的高度。

2. 协调基金

目前粤港澳以及珠江三角洲城市之间，已基本具备城市之间的协调渠道，以及不同的交通方式之间的协调渠道，但协调的结果和运作的方式却不能令人满意，即协调的责任不明确，导致协调并没有产生预期的效果，究其原因，主要是没有协调执行的手段。

协调基金的建立可以通过对协调基金支持项目的设定，利用投资的引导促进协调结果的执行。

从国外区域协调的过程看，区域交通基础设施的协调最终反映在投资上，通过投资引导一方面促进协调执行，另一方面也可以反映国家和地区性的政策导向。

由于珠江三角洲地区的行政结构复杂，有港澳参与其中，因此协调基金的建立也不同于其他地区，一方面要建立广东省内部城市之间的协调基金，同时也要建立粤港澳基础设施协调基金，促进跨境交通基础设施的建设协调。

广东省内区域交通基础设施建设协调基金可以通过区域内城市参股的形式构成，并且将城市参股的数量与城市建议的投资挂钩。

粤港澳跨境交通设施协调基金建立也采取同样的方式，利用城市参股的方式，建立基金，用来引导三地跨境交通设施的规划和建设投资。

3. 协调机构

（1）广东省珠三角基础设施协调委员会

建立广东省内的珠江三角洲地区基础设施协调委员会，并设立相应的基金，管理基础设施建设和运营。

协调委员会相当于国外的都市区规划委员会，是介于省政府和城市政府之间的区域交通设施规划与建设管理机构。

协调委员会的职能是负责制定区域的交通基础设施规划，管理区域交通基础设施建设协调基金，负责提出区域交通基础设施的建设基金使用计划，以及提出区域交通基础设施建设、运营中的利益和风险分担计划，协调珠三角内广东省属的跨市区域性事务，珠三角内部各市之间，以及与省政府、中央政府协调与珠三角发展有关的项目、计划等。

协调委员会只对区域性交通设施的规划和建设进行协调，不影响城市政府的独立运行与决策。

协调委员会由珠江三角洲内所有城市政府的代表和省政府的代表构成。

（2）粤港澳基础设施跨境协调委员会

建立由广东省与港澳政府组成的大珠江三角洲基础设施协调委员会。委员会作为三地政府之间跨境基础设施协调的主要机构，委员会的成员由三地主管跨境基础设施规划和建设的主要参与决策官员组成，负责管理三地基础设施建设基金投资，对区域内基础设施一体化规划、建设和经营事务的协调，以及与中央政府协调有关珠江三角洲的项目和计划。

4. 城市层面的政府协调与合作机制建议

在行政管理上要有利于促进政府之间在区域交通设施建设上的合作，避免构建超级政府体制，扼杀区域合作的基础。

目前，广东省通过区域行政体制的调整，形成了广州、深圳、佛山、东莞几个大型的城市，城市的 GDP 均超过千亿，经济规模决定了这些城市在交通设施建设上将区域交通设施地方化。城市的利益随经济和空间规模增加而增加，使城市利益协调难以进行。目前，该地区在发展上不同类型的中心在各个城市遍地开花的局面，反映了这些城市均希望确立中心的地位，获得发展机会。同样，城市空间的扩大也削弱了区域协调和区域交通基础设施共享机制的建立。

要促进区域建设的协调，要么需要建立整个区域一体的超级政府，要么建立两级政府，设立区域的管理机构，但在行政体制上要避免在区域内建立超级政府，削弱城市之间合作的需求。

5. 民间协调机制建议

在过去的区域交通基础设施建设和发展中，民间协调机构对于珠三角城市间协调，特别是沟通粤港起了很大的作用。民间机构由于背景不同，其代表的利益团体不同，可以作为政府协调机制的补充。

民间协调机制建立上要特别注重粤港两地的民间协调机制建立，由于两地在社会制度、决策程序与体制上不同，民间协调机制的建立，可以更好地协调两地不同决策机制产生的偏差，保障政府协调的顺利进行。

6.2 长三角城镇密集地区综合交通协调发展规划

6.2.1 研究技术路线

6.2.1.1 规划范围和年限

规划范围覆盖上海市市域、江苏省省域、浙江省省域，以及安徽省省域，规划面积总计为 35.02 万平方公里。规划年限为 2007 ～ 2020 年。

6.2.1.2 规划技术思路

正在成长为世界第六大城市群的长三角是我国对外贸易交流的门户与中心；是带动国内沿海与内地经济发展的发动机，也是我国城镇化发展最快速的地区之一，

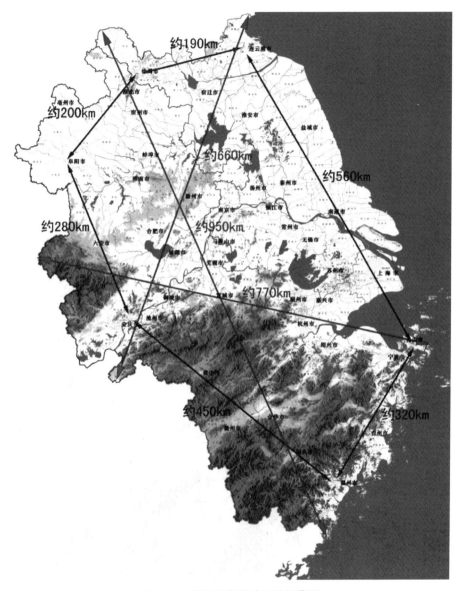

图 6-7 长江三角洲地区规划范围

人口密度高居国内城镇密集地区首位，已经形成以上海、杭州、南京、宁波、温州、合肥等为核心的若干都市发展地区；是国内交通最繁忙的地区，区域内城镇之间经济与人员来往密切。因此，长三角区域交通规划对内要反映区域交通特征的变化，引导和促进城镇群健康、协调发展，对外要促进长三角成为代表中国参与世界竞争的世界级门户和对外贸易、交流中心，成为带动长江沿线和中部地区崛起的经济发动机。规划研究的思路如图 6-8 所示。

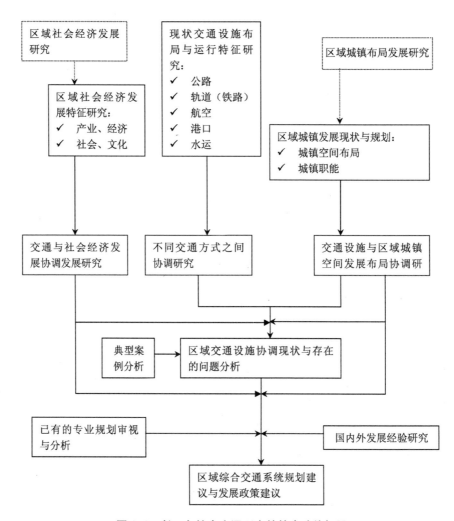

图 6-8　长三角综合交通研究的技术路线框图

在长三角区域综合交通发展研究中要贯彻以下原则：

（1）整体性。在区域综合交通系统规划中打破传统的以城市为节点的规划模式，在区域城镇化整体发展基础上，按照城镇密集地区空间、用地、职能的布局，打破城镇界线，构筑与城镇群整体发展相一致的交通系统。

（2）一体化。在规划中针对不同交通方式的优势与职能，根据城市与区域、不同省市、不同类型地区发展特征，从交通支持区域发展、引导区域发展出发，构筑区域一体化的交通系统。

（3）综合协调。区域内涉及不同的省市、不同类型的交通方式，同时该地区城镇发展又处于高速发展的时期，城镇空间、职能、产业布局正在形成过程之中，尽管该区域是全国经济最发达的地区，但仍然存在地区之间发展速度、发展模式上的巨大差异，因此在规划中要综合协调好不同地区、不同交通方式、城市与区域、交通与空间、交通与产业、交通与城镇职能等方面的关系。

（4）科学发展。随着该地区城镇发展的加速，土地、能源、环境等方面的制约越来越强。在国家转变经济增长方式、实现科学发展的总体策略下，长三角更应根据自身的实际情况，在交通、城镇发展上全面落实科学发展观，在资源限制下考虑区域的可持续发展。

6.2.2 研究重点

按照区域综合交通系统研究的目标，综合交通规划主要在各部门专业规划的基础上，综合考虑长三角城镇发展模式的转型。以城镇化为主导，重点在以下三个方面展开综合交通系统规划的研究：

（1）以城镇群发展为核心，以可持续发展和科学发展观为指导，以综合交通系统健康发展为原则，以都市区为基础整合涉及区域综合交通系统的各部门相关专业规划。

（2）综合考虑长三角城镇发展模式的转变和区域发展模式的转变，以综合交通系统引导城镇群空间发展，促进区域协调发展，建立与区域城镇发展相协调的交通系统。

（3）考虑国家赋予长三角在国家经济和城镇发展中的职责，以及长三角参与国际竞争的需要，按照区域一体化发展的原则，完善长三角整体的对外交通系统，促进区域性对外枢纽和职能的共享。

6.2.3 长三角空间结构发展分析

根据长三角不同地区发展差异，将长三角在空间上划分为核心区和外围发展区，进而根据不同发展区域的城镇关系划分都市区作为长三角交通系统布局的基础。

6.2.3.1 核心区的都市区发展分析

上海和苏锡常地区与杭州都市区、宁波都市区为长三角的核心地区，是长三角最重要的区域中心和核心功能区，将起到引领区域发展，增强区域外联辐射功能的核心作用。

上海是"长三角"城市群的龙头，将逐步建成国际化大都市，国际经济、金融、贸易和航运中心。杭州是著名国际风景旅游城市、国家级历史文化名城。宁波为"长三角"南翼经济中心，港口与陆路物流的枢纽，东南沿海重要工业基地。

（1）上海都市区 + 苏锡常地区

上海都市区是区域经济发展的核心和动力之源，是区域高端服务职能最为集中的地区。

苏锡常是江苏经济发达、城市化水平最高的地区，也是产业、人口、城镇高度密集的地区。三城市是上海大都市区的有机组成部分，承担上海都市区的部分制造业和产业服务职能，积极融入国际经济贸易体系和世界城市体系，实现三市与上海的共同发展。

苏锡常地区，由于与上海的空间距离较近，成为长三角区域先行发展的城市，"苏锡常"的经济总量、质量、流量指标，综合竞争力指标都遥遥领先上海之外的长三角其他城市，并与上海的差距也已大大缩小，逐渐突破行政区的限制，与上海融为一体，形成大上海都市区。

（2）杭州都市区

位于长三角南翼，地位仅次于上海大都市区。杭州都市区将承担长三角核心区的部分功能，如旅游、贸易等。在空间发展上，杭州都市区中杭州与绍兴、嘉兴、湖州等已经出现连绵发展的态势。

（3）宁波—舟山都市区

在长三角区域中主要承担长三角港口门户运输的职能，是国际航运中心的重要组成部分。以港口一体化为突破口，以甬舟连岛工程为契机，加强舟山港口功能的提升，充分利用其突出的深水岸线优势发展具有全国乃至世界意义的水水中转运输体系，提升宁波港的国际集装箱中转功能，从而形成与洋山港相呼应，港口腹地进一步拓展的上海国际航运中心的重要组成部分。

6.2.3.2 外围都市区发展分析

合宁都市区、温台都市区、金衢丽都市区与长江北岸都市区为长三角的外围都市区，是长三角对外辐射的桥头堡。

（1）合宁都市区

以南京、合肥为中心，随着中心城市的发展和壮大，将带动周边（安徽部分城市）的迅速发展，同时，合宁都市区也将成为长三角区域向内陆辐射的门户地区。

（2）江北都市区

随着跨长江通道的改善，江北地区将更好地接受核心区的直接辐射，促进长江北岸地区的快速发展，形成新的都市区。

（3）温台都市区

温台地区是浙江省具有明显地域文化与经济特色的地理单元与经济区域，人口密集、民营经济发达、城市化模式相近，逐步向一体化的组合城市发展，形成长三角南部联系闽台、辐射内陆温台都市区。

（4）金衢丽都市区

金衢丽都市区整合浙中都市圈，是浙江省中部和西南部对外辐射的战略要地，具有承东启西、边界中心的经济区位优势，将成为北接沪杭、东呼温台、西南辐射皖赣闽的长三角南翼重要区域。

6.2.4　长三角空间发展策略

6.2.4.1　区域综合交通系统规划目标与原则

长三角综合交通系统发展的总目标为：

构筑与国家门户和世界级城市群发展相适应，促进和引导长三角城镇协调、健康、快速发展，符合科学发展观的高效率、低能耗、多层次、多方式、一体化发展的区域综合交通体系。

在交通发展上通过区域综合交通系统的发展，在区域内部促进和引导区域联系交通方式由公路向轨道交通转变，城市发展由独立的城市发展向都市区转变，发展层次上由沿海快速发展向沿海和内陆共同发展转变，大型交通基础设施由属地化发展向区域共享转变；在区域对外上，实现由自身发展为主向带动中西部共同发展转变，由国家的主要对外出口地区向国际门户和国家对外贸易与交流中心转变。

区域综合交通系统的规划原则为：

（1）体现科学发展观，建立以轨道交通为主导，多种交通方式配合的综合交通体系，引导区域交通向高效率、低能耗、低占地的集约化方向发展。

（2）与区域城镇空间结合。合理布局区域内的国家干线，处理好国家干线与区域内部交通的衔接。

（3）扩展长三角门户设施腹地，加强长三角与世界主要发展地区的联系，提高长三角参与国际竞争的能力。

（4）加强长三角与国内沿海和中西部其他城镇群的联系，促进与沿海其他发展地区的联系，以及对国内中西部地区发展的辐射和带动作用。

（5）建立以轨道交通为主、完善的内部联系交通网络，促进长三角核心区与各都市区之间的联系，引导和促进以都市区为单元的城镇群共同、健康、协调发展，形成以中心城市为核心的合理城镇空间结构。

（6）建立长三角区域交通与都市区交通密切配合、合理分工、一体化布局与运营的交通系统，促进都市区交通网络与空间结构协调发展。

（7）建立以区域门户设施为核心的综合交通网络，促进大型交通基础设施区域共享。

（8）利用交通设施发展促进长三角区域内江南与江北、沿海与内陆、平原与山区均衡、共同发展。

6.2.4.2　区域城镇关系与交通联系要求分析

区域对外的交通联系主要分为与世界各地的联系，与国内中西部及其他城镇密集地区的联系。

区域内的城镇客运交通联系可以划分为不同等级的城镇中心、客运枢纽之间的联系，以及中心（枢纽）与服务范围之间的交通联系，这些联系按照都市区进行组织。而货运联系则围绕工业产业发展地区与大型的货运枢纽、物流中心的联系在整个长三角区域内进行组织。

（1）区域对外联系设施联系要求：

①与世界其他地区的联系主要依靠长三角核心区的门户港口和机场，使港口和机场成为区域与国际联系、国际中转及中西部与世界联系的门户。

②与国内中西部、其他城镇密集地区的联系主要通过高速铁路、各干线机场、高速公路和长江航运，扩大区域的经济腹地，促进中西部与世界交流，以及与国内其他发展地区交流，实现与中部武汉，沿海与济青、闽东南等都市发展地区3小时高速铁路联系，实现长三角对这些都市区的商务辐射。

③与区域边缘地区的联系主要通过核心区外围各都市区的辐射，通过区域高速公路的延伸和对外高速公路、铁路网络，加强这些地区与核心区、核心区外围都市区之间的联系，促进这些地区与长三角核心外围都市区之间形成2小时交通圈，促进长三角核心外围都市区对区域边缘地区发展的带动作用。

（2）区域内部交通联系设施服务要求：

①长三角内各都市区在内部交通联系上，都市区边缘纳入都市区核心区的通勤交通圈，实现在都市区内部的同城通勤交通组织，即都市区快速交通网络的1小时通勤交通圈。

②长三角各都市区与区域的核心区之间交通服务形成1～2小时的高速交通密集商务联系圈，各机场与服务范围实现1～1.5小时交通联系，特别是各都市区的核心区与各都市区的机场实现1小时快速交通联系。

③区域内各产业发展区与门户港口之间在高速公路的经济运距之内。

6.2.4.3　综合交通系统发展策略分析

1. 门户交通设施发展策略

长三角门户资源由长三角的深水海港和枢纽机场构成。区域内门户型深水海港资源主要分布在杭州湾和长江口，由上海港、宁波—舟山港和长江海港三大深水港区构成。枢纽机场由上海的虹桥和浦东、杭州、南京机场构成。这些设施依托长三角核心区的上海、苏锡常、大杭州、宁波都市区和南京都市区发展。

门户资源与支持门户设施发展的综合交通网络共同构成长三角门户交通设施，承担国家和长三角对外贸易和交流的职能，不仅服务于长三角区域各城市，也服务于国家中西部和沿海地区。

为发挥门户设施作为区域和国家对外窗口的作用，门户设施的发展一方面要分工明确，相互协调，另一方面要建立与门户职能相适应的内部和对外辐射交通网络，支持门户设施职能的发挥。

（1）机场和港口是目前交通设施发展中市场化程度最高的，这为门户资源在区域内联合开发和建设提供了保障，也是门户设施运营中相互之间按照市场规律协调发展的基础。而这些门户设施的健康发展，又是长三角城镇群区域竞争力提升的一个重要保障，因此，长三角门户设施发展应在利益共享的原则下，充分运用市场规律，实现跨行政区联合开发。

（2）在区域内部交通网络上，建立主要工业产业发展区、内河运输、区域主要高速公路与门户港口直接联系。建立区域都市区中心区、重要的客流集散枢纽、区域城际轨道与枢纽机场直接联系的交通网络。

（3）在区域对外的网络上，建立国家干线货运铁路、长江航运、国家干线高速公路与门户港口联系，国家高速客运专线、主要客运走廊与枢纽机场联系的对外联系交通网络。

（4）建立基于门户设施的综合运输和物流枢纽，通过门户港口、铁路集装箱中心站、高速公路，建立多方式联运枢纽，并与工业产业发展结合，形成基于门户港的长三角综合物流中心。

2. 区域对外交通设施发展策略

（1）长江航运。长江作为长三角联系中西部的黄金水道，承担着长三角向中西部辐射的重要职能。按照长江航运梯级开发的计划，长江沿线随着航道整治，通航的条件进一步改善，长江航道将在中部崛起和西部开发中起重要作用，并通过长三角地区的门户港口实现与沿海和国外的联系。南京以下的长江港口将作为长江沿线地区的主要的对外贸易出海口。

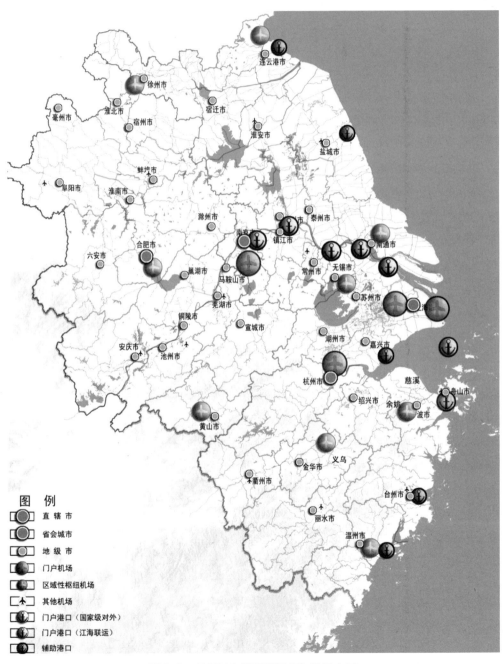

图 6-9　长江三角洲区域机场与港口布局

图 6-10 长江航道示意

①按照航道改造的目标，充分挖掘长江的航运潜力，提高长江航运的能力，实现逐级喂给，通过南京以下港口出海。

②进一步改善南京以下航道的通航等级，大力发展南京、苏州港区，将长江的出海口向西延伸，支持南京、合肥都市区加快发展。

③对安徽境内的长江航道进行改善，实现与南京以下港区的直接联系。

（2）高速铁路网络。高速铁路网络的发展将大大延伸长三角的经济腹地，加强长三角与国内其他地区的联系，促进长三角中心职能的聚集。通过沿海、京沪高速铁路实现长三角与国内其他城镇密集地区的便捷联系，通过南京—武汉—成都、浙赣（杭州—南昌）形成长三角与中部城镇群、西南地区高速联系的通道，通过徐州—兰州客运专线，实现与西北地区的沟通，提升长三角向中西部辐射的范围和能力。

①高速客运专线的主要站点要按照长三角城镇空间的发展，由按城市布局改为按都市区与主要功能区进行布局，与长三角区域城镇空间布局一致，形成以都市区为基础对外客运交通组织。

②随着高速铁路的建设，长三角对外客运中铁路的比例将大幅度提升。客运专线的建设使货运铁路的能力释放出来，长三角普通铁路网络要根据铁路运输职能的转变，对货运铁路的走向和联系进行调整，与长三角的货运枢纽联系，为多方式联运创造条件，也为普通铁路职能改变后与城市协调发展创造条件。

（3）国家干线高速公路。国家干线高速公路是长三角与周围地区沟通的重要设施，随着铁路速度和能力的提升，高速公路将作为周围城镇群与长三角城镇和重要的交通枢纽的联系，以及长三角内部各都市区之间联系的重要交通设施。

①国家干线高速公路承担长距离的公路客货运出行，以及区域内重要的交通枢纽对外集疏运，因此，其出入口的布局要与其职能以及交通特征相吻合，避免由于过多开口导致对外联系效率下降。

②国家干线高速公路的衔接道路要与区域高速公路有所区别。

（4）长三角港口群。长三角港口群是我国最大的港口群，由沿海深水港口、长江港口、内河港口组成，形成以上海、宁波—舟山、南京以下长江港口为门户枢纽港，温州、连云港为辅，密集的内河航道支持的内河港为喂给港口的港口体系。

①区域内形成以上海、宁波、南京以下长江港口为龙头的港口群，上海和宁波作为国家对外的门户设施。宁波—舟山港口主要承担浙江和江西、安徽内陆地区的货运，利用其良好的港口条件承担长三角和腹地大宗散货的集散，上海港主要承担区域高端集装箱运输和长江沿线以及内陆中西部高端集装箱的出海货运，南京以下长江港口主要承担长江沿线河海转运，苏南、江北、合宁地区的工业产业货运。

②三个枢纽港口之间形成良性的合作和竞争关系，在组织对外运输的航线上相互合作，特别在集装箱运输上，提升整个地区的产业竞争力。

③区域运输量的迅速发展，将为该地区港口提供充足的运量和发展动力，通过门户港口的合作开发，保障门户港口的良性发展，同时通过区域协调规范小型港口竞争。

④门户港口与国家的铁路、公路干线直接衔接，支持门户设施腹地扩大。

（5）区域机场体系。在区域内形成四级机场体系布局，以上海为门户枢纽机场，主要承担区域与国外联系、国际中转，以及本地的国内外联系；杭州、南京作为辅助的门户机场，承担辅助与国外联系以及中转，以及都市区与国内外的联系；合肥、无锡、宁波、温州、江北、金华等各大都市区机场以都市区为基础，承担各都市区与国内其他地区的联系；其他支线机场，承担枢纽机场的辅助客运。

①随着区域人均航空客货运迅速增长，目前区域内各机场国内航空服务范围将逐步缩小，江北都市区的发展、沪宁带（无锡、常州、江阴、张家港、苏州）上苏锡常都市区的扩张，以及浙江金衢丽都市区的快速发展，使区域航空目前的布局难以适应需求增长的要求，应随着区域内这些都市区的发展和枢纽机场的饱和，着手进行无锡、江北、金华等机场的建设与改扩建，形成与城镇密集地区空间布局一致的机场布局。

②区域内机场的运输规模和服务范围应按照机场的职能和细化的航空市场决定，长三角人口密度高，航空需求旺盛，对于大运量的航空客货运，服务范围要能够保证机场与服务范围的可达性，避免单个机场规模过大，导致服务区边缘的可达性下降，从而影响这些地区的发展。

③区域内都市区级的机场要与区域快速轨道交通、城市快速轨道交通系统衔接，

并与都市区区域高速公路衔接，门户机场要与国家干线铁路、高速公路衔接。

3.区域内交通网络发展策略

区域内的骨干交通网络主要由城际轨道、区域高速公路（主要承担区域内高速交通联系的高速公路）构成，承担区域内部各都市区之间的联系。区域内骨干网络要与国家干线网络实现良好衔接，承担国家干线网络在都市区的交通集散。在布局上，按照都市区内部与都市区之间的联系特征布局，避免按照城市行政区范围考虑交通联系布局。

（1）城际轨道交通。都市区客运交通联系要优先发展城际轨道交通，利用城际轨道交通联系区域内各都市区的主要中心系统和区域内大型的客流集散枢纽。城际轨道交通要按照联系的空间尺度划分为高速与快速等级。

①根据区域都市区之间的空间尺度，区域城际轨道交通应作为区域内都市区联系的高速轨道交通，布局要与长三角区域空间组织相吻合，充分考虑对目前区域内发展水平相对较低的地区的带动，并与联系的各都市区内部的空间结构调整结合起来。

②加快区域轨道交通系统建设，其发展要与区域都市区城镇空间结构调整协调规划一致，促进区域都市区之间交通联系由公路向轨道交通转化，促进和带动区域城镇分工和合理空间布局的形成。

③在投融资上更多发挥长三角各都市区的作用，促进城际轨道交通的地方化建设、投资、运营，与各大城市的市域轨道结合起来，形成独立的服务于区域内部中长距离交流的轨道交通系统。

④区域城际轨道交通与国家铁路干线采取枢纽衔接（不是目前的线路衔接），随着区域需求的增长，区域城际轨道交通逐步从国铁干线中分离出来，避免在线路布局和运营上的相互干扰。

⑤城际轨道交通通过都市区的客运枢纽与都市区内部的城市轨道交通快线密切联系。

（2）区域高速公路。区域高速公路不同于国家干线高速公路，主要承担区域内部公路客货运联系，主要联系区域内各都市区、主要的产业发展区与货运枢纽、物流中心、主要的旅游风景区等。

①长三角核心区与周围都市区的联系以区域高速公路为主，国家干线高速公路为辅。

②区域高速公路在长三角核心区、合宁都市区、江北都市区、杭州都市区等都

市区内部承担各发展组团、多中心之间主要高速交通走廊的联系，在出入口、线形、设计速度标准上可高于目前城市快速道路，低于目前的国家干线高速公路。

③区域高速公路也是长三角西部地区旅游风景区之间联系的主要交通网络，通过出入口等的控制，实现与旅游风景区保护和发展的协调。

④区域高速公路与都市区的城市快速道路系统衔接，实现与城市各组团之间的紧密联系。

4. 大型交通基础设施区域共享策略

区域内大型交通基础设施资源如深水港口、机场、国家干线高速铁路站点等，属于区域共有资源，是提升区域整体竞争能力的重要设施，其区域性服务与属地化管理在目前存在许多矛盾，造成这些大型交通基础设施在开发、利用、运营上产生大量的资源浪费和恶性竞争。区域性大型交通基础设施实现区域共享是区域经济组织和交通协调的重点。

（1）目前，大型的区域交通基础设施在市场化开发和运行方面已经比较完善，通过不同运营和开发集团之间的相互参股和联合开发，实现大型交通基础设施在开发、运营上利益共享、风险共担。

（2）鼓励大型深水港口通过无水港（陆港）的形式，将关口前移至内陆城市和产业地区，形成入关即是入港，减少政府参与。促进港口之间的良性市场竞争。通过合理物流组织，降低企业的物流成本，扩展港口的腹地。

（3）鼓励大型交通基础设施经营者参与跨地区的配合设施的建设和经营，如枢纽港口参与喂给港口的经营等，利用市场推进大型交通基础设施共享。

（4）通过快速轨道交通实现区域内枢纽机场与干线机场之间的联系，鼓励区域枢纽机场异地航站楼的建设，促进机场合理分工的形成。

（5）建立与大型交通基础设施服务范围相一致的集疏运交通网络，实现大型交通基础设施服务范围与交通服务网络布局的一体化。

5. 区域交通运输服务策略

（1）长三角区域城市化水平迅速提高，在向世界级城市群发展的过程中，区域内各中心城市正在承担越来越多的区域职能。空间和城市职能的变化，区域交通城市化、城市交通区域化的发展趋势显著，特别是在长三角核心区，区域内部城镇之间的交通联系越来越密切，交通特征也逐步趋向城市交通。城市交通随着城市区域职能的集中和空间拓展，出行距离增加，范围扩大，与区域交通融为一体。并且随着区域内机动化水平在各城镇的迅速提高，区域交通和城市交通需求将呈几何级数般增长，对交通空间要求也日益增加，因此，区域内交通运输服务发展的策略上要适应交通需求的这种变化，建立与区域交通一体化的城市交通网络和运输服务。

（2）在交通运输的方式上，交通需求的大幅度增长使集约化的城市交通运输模式优先发展政策延伸到区域，在区域内建立与鼓励以轨道交通为主导的交通运输服务体系，实现区域内交通联系由公路交通向轨道交通的转变。

（3）在交通运输服务水平上，区域、都市区、城市主要功能区各层级对应于不同的服务水平，在交通服务的提供上，要按照不同的职能层次和服务要求，提供多层次的交通服务。在都市区层级要满足同城化的交通需求和经济发展，而在长三角层级则要满足密集商务联系的交通需求和区域职能发展要求。

6.区域物流组织策略

区域物流组织要以降低整体的物流成本，提高区域产业整体竞争力为根本。重点结合区域的门户资源、区域的综合交通枢纽布局，在长三角内进行区域整体的物流组织。

6.2.5　综合交通协调发展保障机制

6.2.5.1　建立都市区交通发展协调机制

根据长三角城镇群未来空间发展、区域经济组织的特点，打破行政界线的都市区将成为未来长三角空间、交通、经济组织的单元，在都市区范围内要实现交通、空间、经济组织的同城化。这在区域发展的时序上，也是区域内首先需要在交通、空间、产业发展策略等方面进行整合和协调的内容。

（1）建立都市区范围统一管理的城市公共交通系统，通过公共交通市场化改革，建立都市区公共交通管理机构，实现城市公共交通在都市区内部跨行政区界运营。

（2）目前区域内正处于城市交通和区域交通设施大规模发展的时期，也是交通网络结构、方式结构转变的时期，城市快速交通系统、区域性交通设施、都市区对外交通设施布局必须按照都市区进行一体化规划，在目前区域规划的基础上，通过立法，支持都市区交通统一规划、统一计划，属地实施，作为都市区空间、各组成城市的城市总体规划、交通规划的依据。

（3）建立都市区内各组成城市的规划和计划相互参与制度。在整体交通规划的基础上，通过都市区内部城市规划管理部门在城市总体规划、边界地区分区规划、详细规划、近期规划、年度计划上的相互参与，实现在开发时序、标准、功能上的一致。

（4）建立由都市区各城市规划管理部门共同组成的规划实施监督机构，监督都市区内各城市交通规划、空间发展规划的实施情况，加强相互之间的协调。

（5）建立都市区统一的交通规划、建设信息平台，实现都市区内部交通规划和建设信息共享。

（6）充分发挥省级管理机构在都市区规划中的组织、监督、协调作用。

6.2.5.2　跨行政区交通协调

1.跨行政区区域交通基础设施发展协调机制

（1）在长三角区域，跨省行政区的交通基础设施使相互之间的发展协调难度增加，应在目前长三角以市级为主导的协调机构基础上，建立省、市两级和不同专业的协调机构，主要就跨省的交通发展进行协调。

（2）建立长三角区域的交通信息平台，通过平台或者定期的信息发布，实现相互之间的交通发展信息共享、通报。

（3）针对一些跨省域运营组织的特殊交通系统，如航运、旅游、城际轨道等，建立区域性的管理机构，实现区域内这些交通设施的统筹管理。

（4）建立跨行政区交通统一费率、收费机制。

2.跨行政区区域交通基础设施重点协调内容

长三角跨越三省一市，不同地区交通设施、经济和城镇化发展差异巨大，可以分为核心区、外围区和边缘地区。核心区以上海为中心，包括苏锡常、杭州、宁波，外围地区包括南京、合肥、温州、江北（盐城、扬州、南通等），边缘地区包括金华（衢州）、徐州、连云港、安庆（铜陵）等。

核心区重点在于促进门户交通设施的共享，促进核心区经济和产业转型、升级经济，加强对外围地区和边缘地区辐射，外围地区通过核心城市的发展带动都市区做强，促进核心区产业转移，边缘地区通过国家级区域对外走廊发展，形成沿对外走廊传递长三角向内地辐射的地区。通过面（核心区）、线（边缘地区）、点（外围都市区）统一发展提升长三角的整体竞争力。

跨省行政区的交通协调按照不同地区的发展特征和联系特征，着重于国家级对外交通设施、区域级高速联系交通设施和城市（都市区）级快速联系交通设施的协调。

（1）国家级对外交通设施协调

国家级对外交通设施沟通区域内核心区、外围地区和边缘主要发展地区，协调按照区域共享的原则，由国家主导统一规划，统一建设，实现区域共享，以及与周围省市的联通。主要有京沪走廊（公路、铁路）、沿海走廊（公路、铁路）、上海—南京—合肥—武汉走廊（公路、铁路）、上海、宁波—杭州—南昌走廊（公路、铁路），以及上海、宁波—舟山港、苏州港，上海、杭州、南京枢纽机场的建设。

（2）区域级高速联系交通设施协调

区域级高速联系交通设施主要在核心区与外围都市区之间，主要有宁杭走廊（公路、城际轨道）、南通—苏州—嘉兴—宁波走廊（公路、城际轨道）、上海—苏州—南京—马鞍山—芜湖走廊（公路、城际轨道）、上海—南通走廊、上海—湖州—宣城走廊、杭州—黄山走廊，传统的"之"字形走廊上的城际轨道与区域高速公路（除国家级通道外，如杭浦高速、沿江高速）等跨省级行政区的区域级综合交通走廊，此外还有地方性的支线港口和机场。

这些跨省级行政区的区域高速联系交通走廊由区域内的各省市共同协调，由国家主导、地方参与编制区域性综合交通规划，通过各相关省级行政单位就网络衔接、运输功能与组织、建设时序、投资等进行协调，实现共同建设。

（3）都市区级快速联系交通设施协调

都市区级快速联系交通设施的协调主要在核心区的城市连绵发展地区，以及外围大都市发展区，如南京、金华、江北、温台等。跨省行政区的主要是上海与苏锡常地区、嘉兴、湖州，通过区域内城市级的协调机制就城市快速交通系统衔接的功能、等级、交通组织、交通换乘、交通衔接等进行协调，并建立城市间总体规划和综合交通规划的相互参与机制，必要时可以共同编制边界衔接地区，或者跨界交通设施的交通规划。而省内大都市发展地区则由省级规划管理部门组织统一编制主要大都市发展地区的综合交通规划、大都市地区近期交通发展规划和年度计划，并在目前的体制下协调建设。

（4）旅游交通发展协调

长三角区域旅游主要分为城市旅游和风景旅游两个部分，通过区域内上海、杭州、苏州、南京、金华、黄山等旅游服务中心与主要旅游风景区、旅游城市之间高层次客运交通联系，打造一体化发展的区域综合旅游。通过打通杭州与安徽之间以黄山等风景旅游区为主的高速公路、轨道交通，以及温州、金华、黄山、合肥通道的建设，提升西部风景旅游区的交通环境，并为未来大规模休闲旅游发展创造条件。

6.2.6　规划方案

6.2.6.1　长三角区域（三大联合发展区）空间结构与布局

在现状已经初步形成的以上海、南京、杭州、合肥为增长极核的发展基础上，进一步加强中心城市的区域服务和带动作用，推进区域全面提升和发展，缩小区域内的发展差距，最终形成一体化的长江三角洲城镇群发展态势。按照功能作用，长三角空间大体可划分为重点推进区、联合发展区和省际协调区。

重点推进区是我国建设具有高度竞争力的长江三角洲城镇群的空间主体。主要包括以上海国家中心城市为核心，高速铁路一日往返以及以南京、杭州两个区域中心城市为核心，高速公路一日往返的范围共同组成的空间地域。在重点推进区内，建设高效、一体化的综合功能体系，综合世界经济、贸易、金融、航运功能的洲际门户地区，最高效、最具创新能力的城镇密集地区、最富有活力的国际文化交流中心。

三大联合发展区包括沪—苏—锡联合发展区、杭—甬—义联合发展区、宁—合—芜联合发展区。这三大联合发展区应明确各自发展的重点和努力的方向，发挥对外扩散、辐射作用，促进内部的融合，在区域环保、文化发展、创新培养、旅游休闲等各方面，共同推进一体化的长三角城镇群发展。

在长三角城镇群的重点推进区内，设立六个协调发展区，分别是：环太湖协调发展区、沪杭苏通协调发展区、上海及宁波—舟山港协调发展区、申苏浙皖高速公路沿线协调发展区、宜溧金广宣协调发展区、宁合芜协调发展区。这六个协调发展区主要解决区域内城镇功能和产业、环境保护协调、区域性基础设施协调、跨省历史文化传承保护合作及旅游的协调发展等方面的冲突。

1. 沪—苏—锡联合发展区

重点包括上海—嘉兴—无锡以及南通、泰州相关地区。

这一地区是上海实现四个中心的最重要的载体，应以上海世界城市为核心，从区域层面实现对四个中心的支撑，打造世界级综合服务功能地区。实现产业结构调整，提高空间资源的利用效率，优化功能与空间资源配置。

促进区域产业的关联和组织程度，提高整体的产出效率。促进上海—苏州—无锡—常州的调整与升级，大力提升城市的生产服务和生活服务功能；促进上海—太仓—常熟—张家港—江阴—常州的整合，提升这一地区的生产功能。

重视上海与江苏交界地区的嘉定、安亭、罗泾以及花桥地区，上海与浙江交界的松江、枫泾、乍浦以及嘉善地区等省市边界地区在区域中的服务功能，形成不同层面的服务体系。

建设以轨道交通为主的城际公交网络，整合并合理定位各类交通方式，强化区域性客运枢纽的作用。处理好城镇发展与区域环境历史文化保护的关系。在太湖以及环太湖区域成立国家太湖生态保护区，实现太湖作为长三角"绿肺"的核心生态功能。太湖东南沿岸，苏州、无锡、上海、湖州、嘉兴五市相关地区，成立国家自然文化保护区，保护这一地区传统的水网形态和农耕文化。形成片区整体的生态控制廊道，控制保留区域性开放空间，保护近海水域、岛屿及渔业资源。

2. 沪—杭—甬—金（义）联合发展区

重点包括上海—杭州—宁波—金华（义乌）地区。

这一地区是长三角城镇群重点推进区南翼重要的国际功能承载区域，在国际航运、国际旅游服务、国际商贸等方面将起到重要的作用。同时，充分发挥这一地区对皖南、浙南、闽北、赣北地区的带动作用。进一步发挥这一地区在制度创新方面的领先优势，成为长三角城镇群未来在国际竞争中获得充分的制度优势的核心源地区。

重点整合上海、杭州、宁波、金华（义乌）这几个中心城市的国际服务功能。培育杭州、宁波、金华（义乌）的区域服务功能，发挥杭州在国际旅游、文化和地区金融等方面的服务功能，培养宁波在国际航运、地区金融、能源等方面的功能，进一步促进金华（义乌）在国际商品贸易和地区生产组织方面的功能。重视杭州下沙地区、湖州南部、宁波、义乌、温州在区域中的功能节点作用。此外，温州应充分发挥其在制度创新和资金的全国性影响，使得温台成为长三角与海西城镇群之间的重要的支点。黄山在旅游休闲产业发展、历史文化遗产和自然遗产保护等方面应与杭州、上海等城市加强协作。

大力推进城际轨道交通。在杭州、义乌、宁波、温州设置区域客运枢纽，加强温州、义乌与上海及杭州之间的区域性交通联系，进一步发挥这两个地区对赣北、闽北、海峡西岸地区的辐射作用。协调机场、港口、铁路等区域性基础设施。

控制保留区域性开放空间，与浙南生态功能区共同形成区域生态保障空间。设立新安江水源保护区、杭州湾两岸滩涂保护区、象山湾保护区。处理好港口建设及产业发展与岛屿环境保护、海洋资源保护的关系。

3. 宁—合—芜联合发展区

重点包括南京—合肥—芜湖地区。

这一地区是长三角城镇群重点推进区北翼重要的国际功能承载区域，是先进制造业以及技术自主创新的主要地区。应通过沿江发展轴、华东第二通道发展轴，充分发挥这一地区对中西部地区的带动作用。

应该充分发挥南京、合肥作为省会城市的综合服务功能，以及芜湖作为传统的商贸城市和新兴的制造业基地的作用，促进重点推进区西端的发展，促进这一地区在近中期成为一体化程度较高的地区。

应重视近阶段南京对安徽地区的带动作用，建设城际轨道交通，促进区域互动发展。并充分利用南京、合肥、芜湖在科研院校和技术自主创新中的雄厚基础，增强区域自主创新能力。充分发挥黄金水道的货运功能，形成上海国际航运中心的主要水运集疏运通道。

严格控制巢湖水质，规范沿江开发建设行为。控制保护开放空间，与皖南山区共同形成区域性的生态环境保护和开放空间体系，三省协作，注重欠发达地区的协调发展。

6.2.6.2　区域综合交通走廊框架

1. 国家干线走廊布局

长三角作为我国重要的门户地区，是对内辐射和对外交流的各种交通方式的集聚区域，目前规划区域内的国家干线走廊主要有高速铁路、普通铁路、干线高速公路等。根据国家相关专业规划，在长三角区域内的国家干线交通走廊主要有：

京沪走廊，包括京沪铁路、京沪高速客运专线、京沪高速公路，主要承担京津冀及沿线地区与长三角的高速联系，是长三角与华北、东北联系的主通道。

长江沿线走廊，包括长江航道、南京—武汉—重庆—成都高速客运专线、南京—武汉—重庆—成都普通铁路货运通道、上海—南京—武汉—重庆—成都高速公路通道。

浙赣走廊，包括浙赣—长沙高速客运专线、浙赣—长沙—昆明铁路、浙赣—长沙—昆明高速公路。

沿海走廊，包括杭深高速客运专线、沿海货运铁路、沿海高速公路。

规划上海、宁波为国家的枢纽港口和集装箱中心站。

根据国家干线的布局，长三角在上海、杭州、南京、宁波、合肥、温州、金华形成组织长三角对外陆路客运的枢纽，在上海、宁波、苏州、南京形成对外货运的枢纽。

在目前的规划上，这些走廊承担长三角对外的客货运交通联系，规划均从中心城市出线，组织区域的对外联系，在区域内部与区域性的交通走廊衔接。

这些综合性对外交通走廊，通过高速铁路和高速公路建设，大大提高了长三角与邻近地区，以及中西部的交通联系可达性，按照目前高速客运专线的运行速度，我国中部各城镇群与长三角的时空距离拉近到3小时。

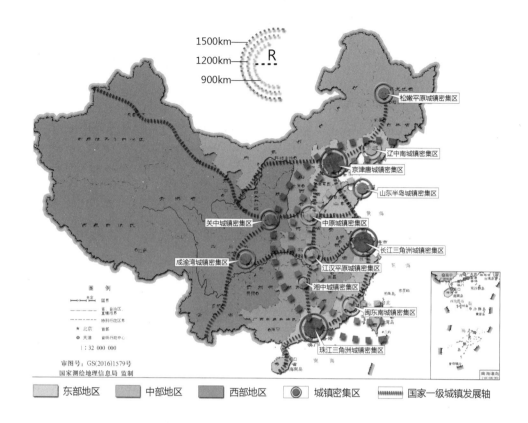

图 6-11 长三角影响力范围随高速交通发展扩展示意图

在组织上，这些走廊主要从关联城市的对外联系来考虑，在区域内的布局借用区域内部走廊来实现与区域内门户、核心城市的联系。如果区域内部联系频繁，出现区域内部走廊容量不足，将直接影响对外走廊组织区域对外交通的职能和效率。因此，需要根据区域客货运需求增长，对国家干线走廊布局进行调整，从整个区域对外交通组织出发，建立独立的与各都市区、门户设施、区域内部干线网络联系的区域对外联系系统，并与长三角未来空间发展结合，在加强与核心区联系的同时，加强对核心区外围都市区，特别是新的都市区的发展支持。

对外辐射的货运走廊、高速公路要实现与门户港口的衔接。南京—武汉—重庆—成都普通铁路货运通道、上海—南京—武汉—重庆—成都高速公路通道进入浦东门户港口，浙赣—长沙—昆明铁路、浙赣—长沙—昆明高速公路与宁波港衔接，沿海高速公路、铁路与上海、宁波、苏州港口衔接，实现门户港口与对外货运通道的直接衔接。

与中西部城镇群联系的长江沿线、浙赣走廊，以及沿海走廊要与长三角核心区密切联系。南京—武汉—重庆—成都高速客运专线、浙赣—长沙高速客运专线延伸至上海中心区及机场，规划浙赣—长沙高速客运专线至宁波辅线，京沪客运专线建立从南京至杭州辅线。

建立独立于区域内部走廊的区域对外走廊，通过区域内部的骨干网络和大型枢纽与区域内的各都市区衔接。

2. 区域主要都市区联系走廊布局

根据长三角区域空间结构，长三角由核心区与外围四个都市区构成，区域内部的交通联系走廊主要承担长三角核心区与外围四个都市区之间的联系，外围各都市区之间的联系和核心区内部各都市区之间的联系。

区域都市区联系走廊在传统的沪宁、沪杭、杭甬走廊基础上，近年来，宁杭、苏嘉杭、沿江、苏通、杭金走廊也日益完善，形成了核心区与外围都市区、区域中心之间多通道联系的布局。随着江北都市区的发展，区域内将形成沿海、沪宁合、杭金、江北交通走廊，实现核心区与外围各都市区的联系。

根据公路、铁路等专业规划，在规划期内，长三角着重于发展跨长江和跨杭州湾的通道，在已有通道完善的基础上，形成沿海交通走廊。

在目前已经形成的区域走廊内部，仍然以公路为主导，区域快速、高速轨道交通建设仍然不足。近期铁路规划中，原区域城际轨道交通系统与国家客运专线共线运行，都市区之间的交流增加将使区域内部的快速轨道交通服务能力严重不足，成为制约区域各都市区联系交通向集约化运输转型发展的瓶颈。此外，在区域内部网络的规划布局上，既有规划网络对江北都市区的支持不足，特别在通过轨道交通与核心区，以及其他中心城市和都市区之间的联系上。此外，在规划的标准上，目前对国家干线、区域内部都市区之间联系走廊、都市区内部联系走廊都采取同一标准，并且，区域内部联系走廊的布局仍是按照城市的行政界限考虑其布局，而非按照都市区单元与主要的功能区考虑区域都市区联系走廊的规划。

因此，长三角区域都市区联系走廊需要通过以下几个方面进行完善与调整，实现交通走廊服务标准与其承担的交通职能相协调，交通走廊布局与区域空间布局相协调，达到利用交通走廊引导区域空间布局形成，实现区域交通联系方式向集约化运输转化的目标，支持区域门户和大型基础设施的共享。

（1）打破行政界限，根据区域空间组织单元由城市向都市区转变的特征，建立以都市区为基础的区域内部交通联系走廊布局。

（2）区域内部都市区联系交通走廊成为衔接国家干线与都市区内部网络的区域

骨干网络，其建设标准要与联系交通的职能相一致。

（3）建立独立于国家干线运营，通过大型客运枢纽与国家干线、都市区城市快速轨道交通联系的区域快速 / 高速轨道交通系统，支持都市区密集商务联系主要由轨道交通承担的目标。

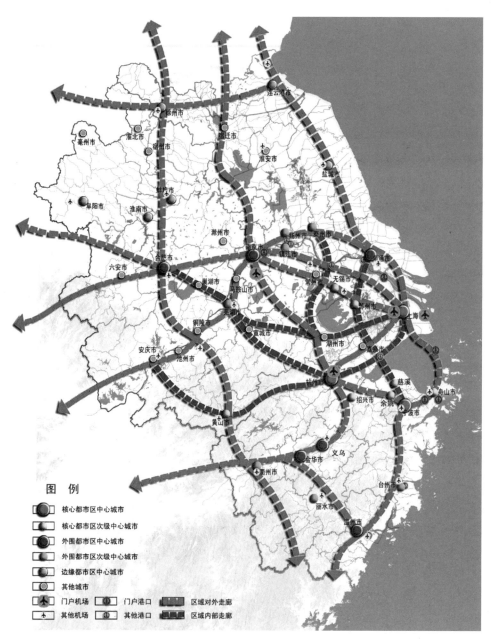

图 6-12　长江三角洲区域综合交通走廊布局

（4）通过区域内都市区之间联系走廊，加强门户枢纽与各都市区的客货运联系，促进门户设施的区域共享。

（5）强化沿海走廊，建立铁路、公路综合的沿海交通走廊。

（6）加强江北都市区与长三角核心区、合宁都市区之间的联系，重点是加强轨道交通的联系，支持江北都市区尽快壮大，成为衔接长三角与济青城市群的桥头堡。

（7）加强金衢丽都市区与长三角核心区、温台都市区之间的轨道交通联系，促进都市区的快速成长，成为辐射江西的重要节点。

（8）都市区之间联系走廊均要建设成为以轨道交通为主导的复合性走廊。

（9）核心区外其他各都市区与区域门户设施之间都要建立密切的联系，长江口、杭州湾北岸门户设施主要服务于江北、合宁都市区，杭州湾南岸门户设施主要服务于温台、金衢丽都市区。

3.长三角内部联系走廊布局

（1）核心区内部联系走廊布局

长三角核心区是包含杭州湾和长江口的区域，几乎聚集了区域内所有的大型对外门户设施，并且是区域内对外辐射职能的主要积聚之地，是传统的"之"字走廊主要覆盖的区域。近年来，随着核心区交通网络从传统的"之"字型向网络型发展，该区域除"之"字走廊上的城镇外的各发展组团的交通可达性大幅度提高，核心区内各发展地区的发展机会逐步均衡，形成核心区内围绕各中心城市全境发展的模式。

在核心区内，城市空间的发展围绕上海、杭州、宁波、苏州等中心城市展开，形成围绕这些中心城市发展、联系更密切的都市区。核心区内的其他城市发展将根据经济联系和开发关系依附于这些中心城市，形成以都市区为基础组织经济、交通、空间、土地开发，并在整体上依赖门户设施和上海的区域核心职能的发展格局。

因此，核心区内部的交通网络要按照都市区联系、以及与门户设施和上海的关系综合考虑，形成整体对接上海、对接门户设施，而各都市区又密切联系，为核心区内各发展地区提供均等的发展机遇的交通网络。形成各都市区与上海之间、各都市区之间均有多通道联系；各都市区均与门户设施联系，门户设施之间，以及与次级设施之间密切联系的网络。

形成苏锡常、杭州都市区、宁波都市区与上海中心区的多通道联系，长江口、杭州湾北岸门户设施主要服务于上海、苏锡常都市区，杭州湾南岸门户设施主要服务于杭州、宁波都市区。

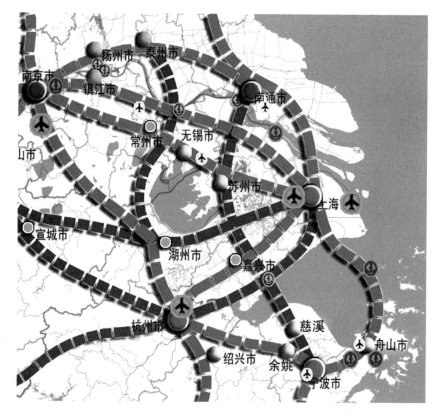

图 6-13 长三角核心区交通网络示意

形成通过沪宁走廊、沿江走廊联系上海与苏锡常都市区；通过沪杭走廊联系上海与杭州都市区；通过沿海与跨杭州湾宁波通道联系上海与宁波都市区；通过沪杭、沿江、杭甬、沿海走廊实现核心区门户设施与内部各都市区的联系。

（2）合宁都市区内部联系走廊布局

合宁都市区承担长三角向中部辐射的主要职能，目前该都市区还没有完全成形，南京和合肥之间的联系尚不紧密，合宁都市区的大部分地区在安徽境内，交通系统规划要能够促进合宁都市区由目前的南京都市区和合肥都市区逐步扩大，形成大合宁都市区，发挥南京和合肥两城市对都市区的带动作用。

在交通走廊布局上形成南京和合肥两城市密切联系，并辐射其他城市的都市区内部交通走廊布局。

6.2.6.3 区域综合交通网络规划

1. 区域铁路系统规划

随着客运专线的建设，既有普通铁路运输能力将被置换出来。由于目前主要的既有铁路基本上都处于城镇群主要城镇的核心地区，因此在长三角城镇密集地区，置换出客运能力来提升既有普通铁路货运能力的思路，与城镇发展格局难以相容，而城镇扩展中产业地区从城市核心区外迁，也使既有普通铁路转为货运的组织效率降低。因此，建议：

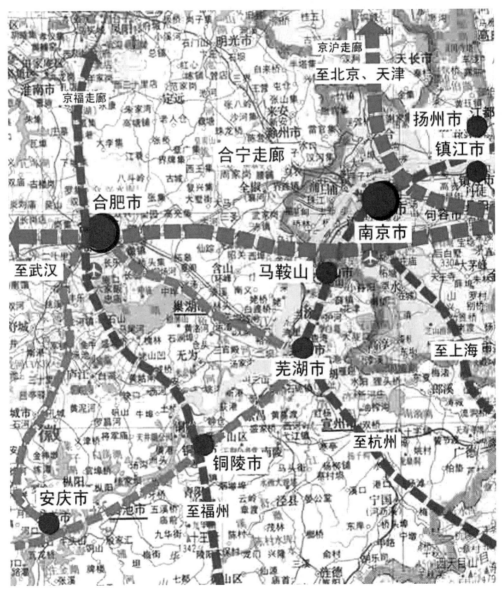

图6-14　合宁都市区交通走廊布局图

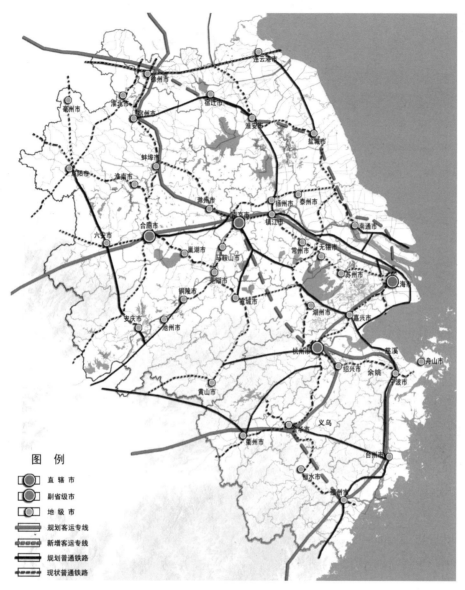

图 6-15 江三角洲区域铁路系统布局示意

（1）处于城镇群密集地区的主要城镇的既有普通铁路在长距离客运转移向客运专线的同时，作为城际轨道的补充，逐步改造成为承担城镇群中短距离交通的客运轨道交通。

（2）结合产业区布局和港口布局，长三角核心区的货运铁路在沿江、沿杭州湾重新选线建设，将沿江、沿杭州湾产业发展地区和沿长江、杭州湾港口与门户港口联系在一起，服务于长三角产业发展地区，提高门户港口的集疏运能力。

191

（3）此外，结合旅游、能源运输等的需求，内陆地区加强普通铁路建设。

2.区域高速公路网络规划调整建议

目前区域内无论在省域还是城市层面，高速公路发展已经达到比较高的水平，而且规划是从国家到省，最后到市逐层落实下来，因此，区域内高速公路网络的布局相对合理。

目前既有的规划已经建立了都市区之间相对完善的高速交通网络，但在产业发展带联系、门户设施交通组织和产业发展协调、高速公路的职能等级上仍然有待完善。

建立"六横四纵"的区域性对外骨干高速公路网络。

（1）合肥—黄山—衢州—温州通道，整合区域西部的旅游资源，联系长三角与华北、闽东南地区。

（2）南京—杭州—金华通道，联系区域内南京、杭州、金衢丽三大都市区，沟通与山东、华北和福建的联系。

（3）南通—苏州—嘉兴—宁波—温州通道，联系区域内江北、苏锡常、宁波、温台都市区，并沟通与苏北、浙南的联系。

（4）沿海通道，联系江北、上海、宁波、温台都市区，沟通长三角与江苏北部沿海、闽东南地区。

（5）长江北沿江高速公路通道至合肥，沟通江北与合宁都市区，联系湖北和西北地区。

（6）长江南岸沿江通道，沟通江苏沿江产业带与安徽沿江、浦东、上海港、苏州港、南京机场、浦东机场之间的联系，对外联系安徽、武汉都市群至西南地区。

（7）沪宁至合肥通道，沟通合肥、南京、苏锡常、上海中心区，联系区域内虹桥、无锡、合肥机场，对外联系武汉和西南地区。

（8）沪杭至黄山通道，联系上海、杭州、安徽南部旅游区，沟通长三角与江西、西南地区。

（9）杭甬至衢州通道，联系杭州、宁波、金衢丽都市区，宁波港、杭州湾南岸产业发展区，对外至江西。

（10）宁波—金华通道，联系宁波、金衢丽都市区，宁波舟山港与浙江西部产业发展地区，对外至南昌、长沙。

在高速公路网络布局上，突出建立南京—合肥、杭州、金华—衢州三个对内陆辐射的枢纽性都市区，以及建立与沿海联系的江北、温台都市区的对外联系通道。

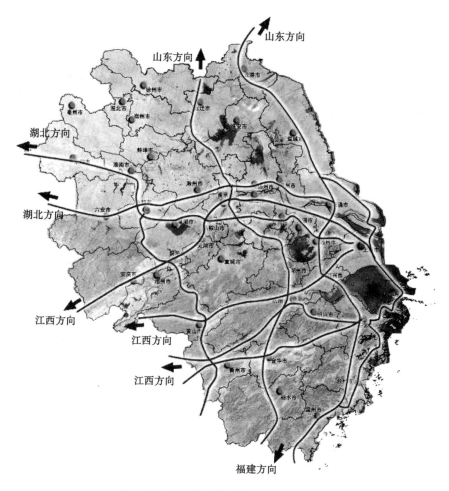

图 6-16　"六横四纵"骨干高速公路网络

在骨架网络的基础上，建立以区域内都市区之间联系为主的区域性高速公路网络，补足主要骨干通道上区域内部联系能力，承担中短距离的都市区交通联系。

（1）在沪宁、沪杭、杭甬、跨杭州湾、跨长江形成多通道联系，补充骨干网络运输能力的不足。

（2）骨干网络沟通应围绕区域内上海、杭州、南京都市区，形成与周围城镇、机场、重要设施联系的区域性高速公路。

（3）区域高速公路要深入到城市的功能区，提高城市的对外公路组织效率。

3.区域轨道交通网络规划调整建议

目前，长三角地区规划的"城际轨道交通"在职能上是国家高速铁路与区域内部交通联系的混合体。按照区域城市化发展的特征，城镇密集地区的交通需求将大幅度增长，则目前规划建设的区域内联系与区域对外合一的混合轨道交通在能力上将大大短缺，应对不同需求的运营组织也会受到较大限制。此外，既有的城际轨道交通规划在范围、布局和标准上也没有反映出长三角未来空间的发展和城镇关系。

因此，在规划中对既有的城际轨道交通系统规划进行如下调整：

（1）考虑到未来区域交通需求，特别是区域轨道交通需求的高增长，现有标准的城际轨道交通系统可以作为城市群发展初期的过渡，在区域城市化发展到该系统难以满足区域交通需求时，建立独立的区域快速轨道交通系统，目前规划的城际轨道交通系统作为区域高速轨道交通联系。

（2）布局应反映区域的城镇关系。在核心区内部，要尽快规划建设独立的核心区内部区域快速轨道交通系统，核心区内部各都市区之间布局多条区域快速轨道交通，实现上海、杭州、苏锡常、宁波都市区之间的多轨道交通联系布局。在核心区与外围各都市区之间，按照区域的城镇空间结构，补充上海与江北都市区、南京至合肥、杭州与金衢丽、宁波与温台都市区联系的城际轨道交通。

（3）在区域快速轨道交通系统发展和职能等级上，形成"一条主线，五条放射线，四条辅助线"的格局。

（4）传统的"之"字形走廊串联了南京、上海、杭州、宁波四个区域中心城市、五大区域枢纽机场，是区域中最重要的客运走廊，是区域快速轨道交通的主线。

（5）南京经过湖州至杭州、上海至江北、杭州至金华、宁波至温州、上海经嘉兴东部至慈溪、余姚、宁波，将各都市区的中心区、主要机场、对外高速铁路枢纽联系起来，作为次一级的区域轨道交通线路，实现核心区向外围都市区放射联系。

（6）苏锡常经过嘉兴至杭州，江苏联系江阴、张家港、常熟、太仓至浦东，上海至杭州和杭州至宁波复线，作为长三角核心区内部各主要都市区联系的辅助区域快轨线路。

（7）此外，建设南京至合肥快速轨道交通，加强合宁都市区的整合。

（8）区域快速轨道交通网络形成上海中心区、浦东、杭州（东、西）、南京（南、北）、苏州、宁波综合性枢纽，以及合肥、嘉兴、江北、金华、温州、太仓次一级的综合客运枢纽。

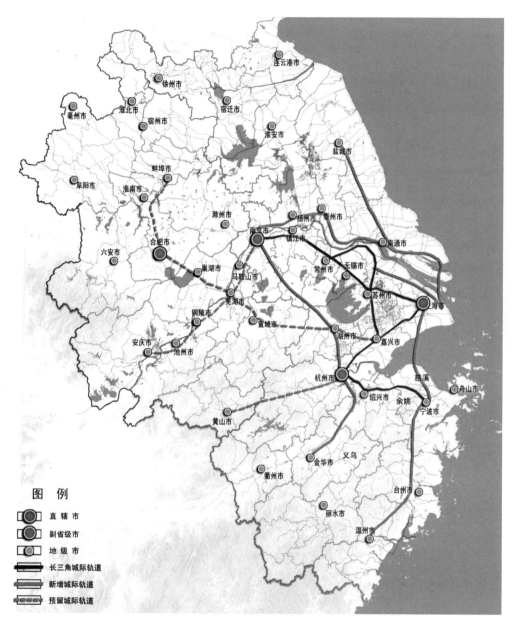

图 6-17　长江三角洲区域城际轨道交通布局

参考资料

[1] 李晓江. 城镇密集地区与城镇群规划——实践与认知. 城市规划学刊, 2008.

[2] 孔令斌. 我国城镇密集地区城镇与交通协调发展研究. 城市规划, 2004, 2（1）.

[3] 薛东前等. 城市群形成演化的背景条件分析. 城市地域与研究, 2000（12）.

[4] 周玲强. 长江三角洲国际性城市群发展战略研究. 浙江大学学报（理学版）, 2000（3）.

[5] 代合治. 中国城市群的界定及其分布研究. 地域研究与开发, 1998: 40-44.

[6] 姚士谋等著. 中国城市群. 合肥: 中国科学技术大学出版社, 2001.

[7] 周伟林. 城市经济学. 上海: 复旦大学出版社, 2004.

[8] 冯之廷. 城市聚集经济. 大连: 东北财经大学出版社, 2001.

[9] 陈凡, 胡涓. 中外城市群与辽宁带状城市群的城市化. 自然辩证法研究, 1997, 13（10）: 48-53.

[10] 吴传清, 李季. 关于中国城市群发展问题的探讨. 经济前沿, 2003（增刊）: 29-31.

[11] 魏书华, 邓丽珠. 我国三大经济带的现状与走势预期//景体华. 中国区域经济发展报告. 北京: 社会科学文献出版社, 2004.

[12] 黄亚平编著. 城市空间理论与空间分析. 南京: 东南大学出版社, 2002.

[13] 陈力. 旧城更新中城市形态的延续与创新. 华侨大学学报（自然科学版）, 1997（1）.

[14] 刘秉镰. 港口多元化发展的结构效应. 天津社会科学, 1997（6）.

[15] 周振华. 现代经济增长中的结构效应. 上海: 上海三联书店, 1991.

[16] 魏际刚. 基于制度分析的运输发展模型研究. 数量经济技术经济研究, 2002（3）.

[17] 荣朝和. 运输发展理论以运输化为主要线索的新进展. 北方交通大学学报, 1995, 19（4）.

[18] 陈秀山, 张可云. 区域经济理论. 北京: 商务印书馆, 2003.

[19] 杨小凯, 张永生. 新兴古典经济学与超边际分析. 北京: 中国人民大学出版社, 2000.

[20] 陆化普. 区域可持续发展的交通规划理论研究. 国家发改委交通运输司课题, 2005.

[21] 朱彦东等. 城市群综合交通系统战略规划研究. 现代城市研究, 2001（4）.

[22] 朱照宏等. 城市群交通规划. 上海: 同济大学出版社, 2006.

[23] 陈修颖. 区域空间结构重组:理论基础、动力机制及其实现. 经济地理, 2003, 23（4）: 445-450.

[24] 姚秀利. 快速交通引导下的区域城镇空间组织. 城市发展与规划国际论坛论文集,

2008.

[25] 张复明. 区域性交通枢纽及其腹地的城市化模式. 地理研究, 2001, 20（1）: 48-54.

[26] 樊烨, 姜华, 马国强. 基于交通因子视角的区域空间结构演变研究——以长三角地区为例. 河南科学, 2006, 24（2）.

[27] 安虎森. 区域经济学通论. 北京: 经济科学出版社, 2004: 512-523.

[28] 藤田昌久等. 空间经济学. 梁绮. 北京: 中国人民大学出版社, 2005.

[29] 保罗·切希尔. 城市区域规模和结构的变化趋势 // 保罗·切希尔, 埃德温·S·米尔斯. 区域和城市经济学手册（第三卷, 应用城市经济学）. 安虎森等. 北京: 经济科学出版社, 2003: 25.

[30] United Nations.Principles and recommendations for population and housing censuses, 1998.

[31] Robert Lang, Paul K. Knox.The New Metropolis: Rethinking Megalopolis. Regional Studies, 2008.

[32] Webber M.The Urban Place and the Non-place Urban Realm // Explorations Into Urban Structure.Philadelphia: University of Pennsylvania Press, 1964: 79–153.

[33] Kim S.Expansion of Markets and the Geographic Distribution of Economic Activities: The Trends in U.S.Regional Manufacturing Structure, 1860–1987.Quarterly Journal of Economics, 1995, 110: 881–908.

[34] Gordon, P., H.Richardson, G.Yu.Metropolitan and Non-metropolitan Employment Trends in the U.S.: Recent Evidence and Implications.Urban Studies, 1998, 35（7）: 1037–1057.

[35] Meyer D.Emergence of the American Manufacturing Belt: An Interpretation.Journal of Historical Geography, 1983, 9（2）: 145–174.

[36] Fujita M, Krugman Pand Venables A J.The spatial economy: Cities, regions and international trade.MIT Press, 1999.

[37] Joost Buurman, Piet Rietveld.Transport Infrastructure and Industrial Location: The Case of Thailand, RURDS, 1999, 11（1）: 45–62.

[38] Lambert Van Der Laan.Changing Urban Systems: An Empirical Analysis at Two Spatial Levels.Regional Studies, 1998, 32（3）: 235–247.

[39] Piet Rietveld.Spatial economic impacts of transport infrastructure supply.Transportation Research A, 28（4）.

[40] Rodrigue Jean-Paul.Freight, Gateways and Mega-urban Regions: The Logistical Integration of the BostWash Corridor.Tijdschrift voor Sociale en Economische Geografie, 2004, 95（2）: 147–161.

[41] Jean-Paul Rodrigue.Claude Comtois and Brian Slack // The Geography of Transort Systems. New York: Routledge.

[42] Jan Oosterhaven，Thijs Knaap.Spatial economic impacts of Transport infrastructure investments.Brussels: Paper prepared for the TRANS-TALK Thematic Network，2000.

[43] Arie Romein.Spatial planning in competitive polycentric urban regions: some practical lessons from Northwest Europe.Chicago: Paper submitted to City Futures Conference，2004.

[44] Venables A.J.Equilibrium Location of Vertically Linked Industries.International Economic Review，1996（37）: 341–359.

[45] Krugman.P.R.Space: The Final Frontier.Journal of Economic Perspectives，1998（12）: 161–174.

[46] McCann P.The economics of industrial location: A logistics-costs approach.Berlin Springer，1998.

[47] George Baker.Hierarchies and compensation——A case study.European Ecanomtc Review，1993，37: 366–378.

[48] Spiros Bougheas，Panicos O.Demetriades，Edgar L.W.Morgenroth.Infrastructure，transport costs and trade.Journal of International Economics，1999，47: 169–189.

[49] Sukkoo Kim.Expansion of Markets and the Geographic Distribution of Economic Activities: The Trends in U.S.Regional Manufacturing Structure，1860–1987.The Quarterly Journal of Economics，1995，110（4）: 881–908.

[50] Hajime Takatsuka，Dao-Zhi Zeng.Regional Specialization via Differences in Transport Costs: An Economic Geography Approach.Ersa lonference Pajers.，2004.

[51] Allan D.Wallis.Evolving structures and challenges of metropolitan regions.National CMC Review，2007，83（1）: 40–53.

[52] Tomoya Mori.A Modeling of Megalopolis Formation: The Maturing of City Systems.Journal of Urban Economics，1997（42）: 133–157.

[53] Elhanan Helpman.The Size of Regions.Working Paper No.14–95，The Foerder Institute for Economic Research.

[54] Masahisa Fujita.Monopolistic competition and urban systems.European Economic Rewew，1993（37）: 308–315.

[55] Gilles Duranton，Diego Puga.From sectoral to functional urban specialization，2004.

[56] Evert Meijers，Arie Romein. Realizing Potential: Building Regional Organizing Capacity

in Polycentric Urban Regions.European Urban and Regional Studies，2003，10：173–186.

[57] Michael Storper.The Resurgence of Regional Economies，Ten Years Later：The Region as a Nexus of Untraded Interdependencies.European Urban and Regional Studies，1995，2：191–221.

[58] David F.Batten，Network Cities：Creative Urban Agglomerations for the 21st Century. Urban Studies，1995，32（2）：313–327.

[59] Richard Shearmur，William Coffey，Christian Dube，Rémy Barbonne.Intrametropolitan Employment Structure：Polycentricity，Scatteration，Dispersal and Chaos in Toronto，Montreal and Vancouver，1996–2001.Urban Studies，2007，44：1713–1738.

[60] Reid H.Ewing.Modeling intrametropolitan industrial location realistically.Transportation，1977，6：191–199.

[61] Keenan Dworak-Fisher.Intra-metropolitan shifts in labor demand and the adjustment of local markets.Journal of Urban Economics，2004，55：514–533.

[62] William C.Wheaton，Commuting，congestion and employment dispersal in cities with mixed land use.Journal of Urban Economics，2004，55：417–438.

[63] Gaschet F.The new intra-urban dynamics：Suburbanisation and functional specialisation in French cities.Regional Science，2002，81：63–81.

[64] Ludovic Halbert.From sectors to functions：producer services，metropolization and agglomeration forces in the Ile-de-France region.Belgeo，2007，1：73–94.

[65] Paul Waddell.Accessibility and Residential Location：The Interaction of Workplace，Residential Mobility，Tenure and Location Choices.Presented at the 1996 Lincoln Land Institute TRED Conference.

[66] Tatsuo Hatta，Toru Ohkawara.Population，Employment and Land Price Distributions in the Tokyo Metropolitan Area.Journal of Real Estate Finance and Economics，1993，6：103–128.

[67] Edward M.Gramlich.Infrastructure Investment：A Review Essay.Journal of Economic Literature，1994，32（3）.

[68] I.T.Klaasen，M.Jacobs.Relative location value based on accessibility：application of a useful concept in designing urban regions.Landscape and Urban Planning，1999，45：21–35.

[69] Susanne Heeg，Britta Klagge，Ju¨rgen Ossenbru¨gge.Metropolitan cooperation in Europe：Theoretical issues and perspectives for urban networking.European Planning

Studies，2003，11（2）.

[70] Walter G.Hansen.How Accessibility Shapes Land Use.Journal of the American Planning Association，1959，25（2）：73–76.

[71] Neil Brenner.Global cities，glocal states：global city formation and state territorial restructuring in contemporary Europe.Review of International Political Economy，1998，5（1）：1–37.

[72] Richard Shearmur，William Coffey，Christian Dube，Rémy Barbonne.Intrametropolitan Employment Structure：Polycentricity，Scatteration，Dispersal and Chaos in Toronto，Montreal and Vancouver，1996–2001.Urban Studies，2007，44：1713–1738.

[73] Ludovic Halbert.The polycentric city-region that never was：Paris agglomeration，Bassin parisien and spatial planning strategies in France.Economic Geography，2004，80（4）：381–405.

[74] Pablo Coto-Millan，Jose Bafios-Pino，Vicente Inglada.Marshallian demands of intercity passenger transport in Spain：1980–1992.An economic analysis.Transportation Research E（Logistics and Transpn Review），1991，33（2）：79-76.

[75] Transportation Research Board Special Report 288，metropolitan travel forecasting——Current Practice and Future Direction.

[76] Tae H.Otjm，David W.Gillen.The structure of intercity travel demands in Canada：Theory tests and empirical results.Transportation Research B，1983，17（3）：175–191.

[77] Fredrik Carlsson.The demand for intercity public transport：the case of business passengers. Applied Economics，2003，35：41–50.

[78] Northam，R.M.Urban geography.New York：John Wiley&Sons，1975.

[79] Starrett D.Market allocations of location choice in a model with free mobility.Journal of Economics Theory，1978，17（1）：21–37.